高职高专系列教材

建筑识图与构造学习指导及实训

邢　洁　戚晓鸽　主编

中国建筑工业出版社

图书在版编目（CIP）数据

建筑识图与构造学习指导及实训/邢洁，戚晓鸽主编.
—北京：中国建筑工业出版社，2020.6（2024.6重印）
高职高专系列教材
ISBN 978-7-112-25086-8

Ⅰ．①建… Ⅱ．①邢… ②戚… Ⅲ．①建筑制图-
识图-高等职业教育-教材 ②建筑构造-高等职业教育-教材
Ⅳ．①TU2

中国版本图书馆 CIP 数据核字（2020）第 075617 号

本教材根据我国职业教育改革需求，参照土木建筑类相关专业教学标准、人才培养方案中对职业岗位和职业能力培养要求，主要内容包括制图标准、投影基本知识、建筑形体的表达方法、民用建筑构造概述、基础与地下室、墙体、楼地层、楼梯、屋顶、门窗、变形缝、建筑施工图识读、综合技能实训。

本教材配套微课、学习参考以及部分习题答案等数字资源，可通过扫描教材中二维码在线观看。

本教材适合工程造价、工程管理、建筑工程技术、房地产及物业管理等土木建筑类专业学生学习建筑构造和建筑施工图使用，也可供行（企）业技术人员培训、自学参考。

为方便本课程教学，作者自制免费课件资源，索取方式：1. 邮箱 jckj@cabp.com.cn；2. 电话（010）58337285；3. 建工书院 http//edu.cabplink.com。

责任编辑：李　阳
责任校对：王　烨

高职高专系列教材
建筑识图与构造学习指导及实训
邢　洁　戚晓鸽　主编
*
中国建筑工业出版社出版、发行（北京海淀三里河路 9 号）
各地新华书店、建筑书店经销
霸州市顺浩图文科技发展有限公司制版
建工社（河北）印刷有限公司印刷
*
开本：787×1092 毫米　横 1/16　印张：14½　字数：277 千字
2020 年 7 月第一版　　2024 年 6 月第六次印刷
定价：**35.00** 元（赠教师课件）
ISBN 978-7-112-25086-8
（35881）

前　　言

　　"建筑识图与构造"是高职高专土木建筑类专业的一门既有理论又有实践知识的必修专业基础课程。它具有较强的综合性和应用性，以培养学生的读图能力和房屋建筑构造的认知能力为主要目标，同时兼顾后续专业课程的学习需要以及建筑工程领域八大员岗位资格要求。

　　为方便学生学习和教师指导，针对课程的系统性、实践性及该课程在专业中的重要性，故编写这本《建筑识图与构造学习指导及实训》。本教材内容共包括 13 个项目，其中前 12 个项目中，每个项目由知识框架、理论自测和实践操作三部分组成，第 13 个项目是综合技能实训，用来构建学生的认知体系。内容难度循序渐进、由浅入深，注重实用、提高技能并配有较多的图例供学生识读和绘制。教师在讲授过程中可根据具体专业需要进行选择。

　　本教材由河南建筑职业技术学院邢洁、戚晓鸽担任主编；鞠洁、李小霞担任副主编。其中邢洁编写项目一、项目三、项目八并统稿；戚晓鸽编写项目二、项目四、项目五、项目六、项目七、项目九；李小霞编写项目十、项目十一、项目十二；鞠洁编写项目十三、附图及部分插图。本教材由河南建筑职业技术学院刘乐辉担任主审，并提供了宝贵意见和资源，在此表示衷心感谢。

　　本教材在编写的过程中，参考了有关国家现行标准规范、书籍、图片及其他资料，得到了河南建筑职业技术学院有关领导、同事的鼎力支持，在此一并致谢。由于本教材涉及专业面较广，虽经反复推敲，但限于编者水平有限，书中难免有不妥之处，恳请广大读者提出宝贵意见。

目　录

项目一　制　图　标　准

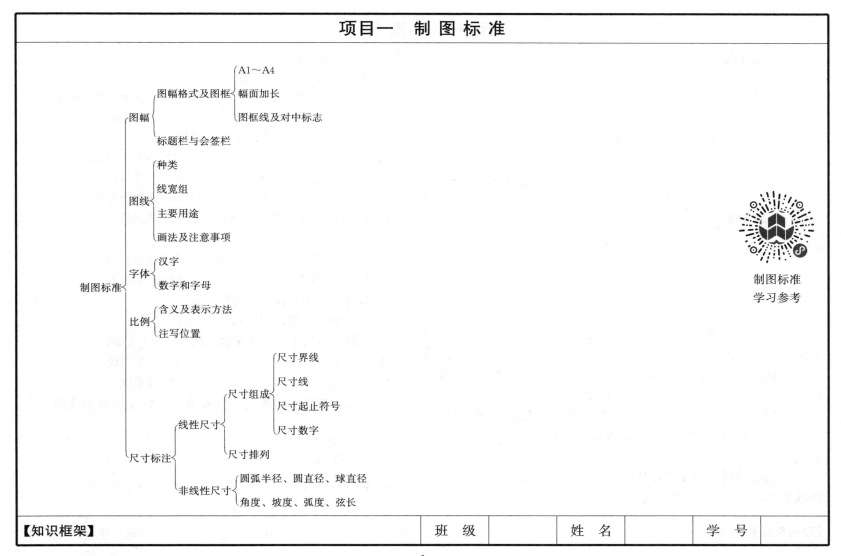

制图标准
├─图幅
│　├─图幅格式及图框
│　│　├─A1~A4
│　│　├─幅面加长
│　│　└─图框线及对中标志
│　└─标题栏与会签栏
├─图线
│　├─种类
│　├─线宽组
│　├─主要用途
│　└─画法及注意事项
├─字体
│　├─汉字
│　└─数字和字母
├─比例
│　├─含义及表示方法
│　└─注写位置
└─尺寸标注
　　├─线性尺寸
　　│　├─尺寸组成
　　│　│　├─尺寸界线
　　│　│　├─尺寸线
　　│　│　├─尺寸起止符号
　　│　│　└─尺寸数字
　　│　└─尺寸排列
　　└─非线性尺寸
　　　　├─圆弧半径、圆直径、球直径
　　　　└─角度、坡度、弧度、弦长

制图标准
学习参考

【知识框架】	班　级		姓　名		学　号	

项目一 制 图 标 准

一、填空题

1. 图样上的线性尺寸由 _____、_____、_____、_____ 四部分组成。

2. 比例是指 _____。

3. 图纸上所需书写的文字、数字或符号等，均应 _____、_____、_____，标点符号应 _____。

4. 图 1-1 中横线的名称为 _____，竖线的名称为 _____，斜线的名称为 _____，尺寸数字 "200" 的单位是 _____。

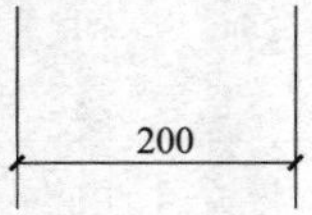

图 1-1

5. 一个线宽组有四种线宽，分别是 _____、_____、$0.5b$ 和 $0.25b$。

6. 线性尺寸中的尺寸起止符号用 _____ 绘制，其倾斜方向是 _____，长度宜为 _____ mm。

7. 图样轮廓线以外的尺寸线，距图样最外轮廓之间的距离 _____ mm。平行排列的尺寸线的间距宜为 _____ mm，并应保持一致。

8. 标注圆时，需在直径数字前加注直径符号 _____；标注圆球半径时，需在半径数字前加注符号 ____。

二、单项选择题

1. A3 图纸的幅面尺寸是（ ）。
   A. 210mm×297mm
   B. 297mm×420mm
   C. 420mm×594mm
   D. 594mm×841mm

2. 关于尺寸界线下列说法正确的是（ ）。
   A. 尺寸界线用细实线绘制，可以用其他线型代替
   B. 尺寸界线用细实线绘制，不应用其他线型代替
   C. 尺寸界线用中粗实线绘制，可以用其他线型代替
   D. 尺寸界线用中粗实线绘制，不应用其他线型代替

3. 关于尺寸线下列说法正确的是（ ）。
   A. 尺寸线用细实线绘制，可以用其他线型代替
   B. 尺寸线用细实线绘制，不应用其他线型代替
   C. 尺寸线与被标注的轮廓线垂直
   D. 尺寸界线应超出尺寸线 2～3mm

4. 建筑形体的主要可见轮廓线用（ ）绘制。
   A. 细实线
   B. 中粗实线
   C. 中实线
   D. 粗实线

5. 当图线与文字、数字或符号重叠、相交不可避免时，应当（ ）。
   A. 可以重叠
   B. 保证图线清楚
   C. 保证数字清楚
   D. 去除文字

项目一　制 图 标 准

6. 细单点长画线可以用来表示（　　）。

A. 不可见轮廓线　　　　　　　B. 断开界线

C. 尺寸线　　　　　　　　　　D. 对称线

7. 图样上的尺寸单位，除标高及总平面以（　　）为单位外，其他必须以（　　）为单位。

A. 米，分米　　　　　　　　　B. 米，毫米

C. 毫米，米　　　　　　　　　D. 分米，米

8. 在用 1∶50 绘制的图样中，量取图中某线长 10mm，则相应部位实长是（　　）。

A. 500mm　　　B. 5m　　　C. 100cm　　　D. 100mm

9. 某木门高度为 2.4m，现要求用 1∶100 的比例绘制，则其绘图时应画（　　）。

A. 2.4mm　　　B. 24mm　　　C. 240mm　　　D. 2400mm

10. 在图 1-2 中，标记 M、N 处的尺寸要求分别是（　　）

A. ≥2mm，2～3mm　　　　　B. 2～3mm，≥2mm

C. ≤3mm，2～3mm　　　　　D. ≥2mm，≤3mm

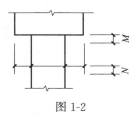

图 1-2

11. 制图国家标准规定，字体的号数，即为字体的（　　）。

A. 高度　　　B. 宽度　　　C. 长度　　　D. 角度

三、写出图 1-3 中各字母标记所表示的图线名称，以及当 $b=0.7$ 时的线宽

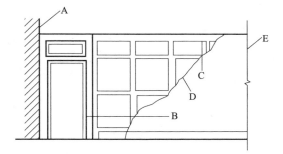

图中标记	图线名称	图线宽度
A		
B		
C		
D		
E		

项目一参考答案

图 1-3

【理论自测】　　　　班　级　　　　姓　名　　　　学　号

土 木 建 筑 制 图 民 用 房 屋 东 南 西 北 中 平 立 剖 轴 线 说 明

基 础 梁 板 柱 墙 楼 梯 承 重 结 构 框 架 门 窗 阳 台 雨 篷 散 水

洞 坡 沟 槽 材 料 钢 筋 混 凝 砂 石 灰 浆 给 水 排 暖 详 地 厕 所

【实践操作】一、字体书写	班　级		姓　名		学　号	

比例尺长宽厚度标高形状大小体积轴线垂直前后左右

上中下室内外地坪素土夯实踏步安全栏杆防潮层间应

力装配窖井卫生设备城市管系一二三四五六七八九十

【实践操作】一、字体书写　　　班　级　　　　姓　名　　　　学　号

ABCDEFGHIJKLMNO PQRSTUVWXYZ

abcdefghijklmnopqrstuvwxyz

1234567890IVXø   ABCabcd1234 IV   75°

项目一　制　图　标　准

将下表中的线型抄绘在右边空白处，尺寸自定。

名称		线　型
实线	粗	———————————————
	中粗	———————————————
	中	———————————————
	细	———————————————
虚线	粗	3～6 1～1.5 ─ ─ ─ ─ ─ ─ ─ ─
	中粗	─ ─ ─ ─ ─ ─ ─ ─ ─ ─
	中	─ ─ ─ ─ ─ ─ ─ ─ ─ ─
	细	─ ─ ─ ─ ─ ─ ─ ─ ─ ─
单点长画线	粗	10～15 3 ─·─·─·─·─·
	中	─·─·─·─·─·─
	细	─·─·─·─·─·─
双点长画线	粗	10～15 5 ─··─··─··─··
	中	─··─··─··─··
	细	─··─··─··─··
折断线	细	———————／\————————
波浪线	细	～～～～～～～～

项目一　制图标准

按照左图所示，在右图中标注出尺寸界线、尺寸线、尺寸起止符号和尺寸数字，并注写图名比例。

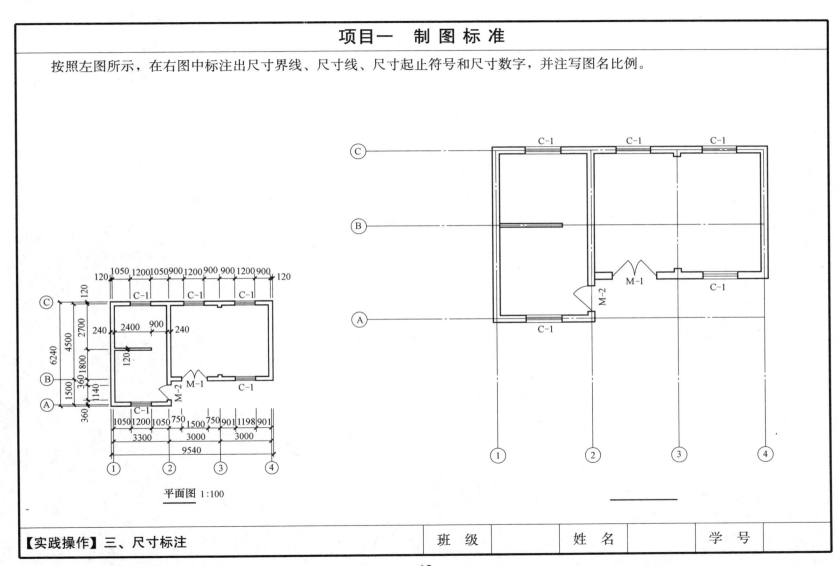

平面图 1:100

【实践操作】三、尺寸标注	班　级		姓　名		学　号	

1. 按 1∶50 的比例绘制房间平面图，并注写图名比例（不注尺寸）。

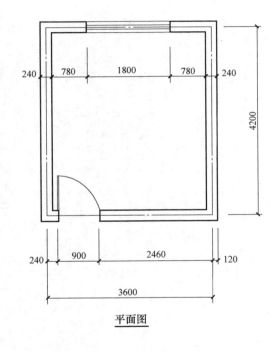

平面图

2. 按 1：20 的比例绘制门，并注出图名比例（不注尺寸）。

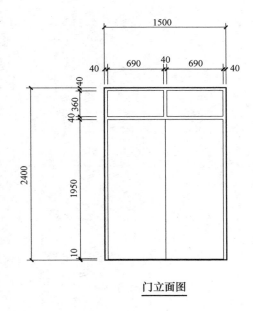

门立面图

项目二　投影基本知识

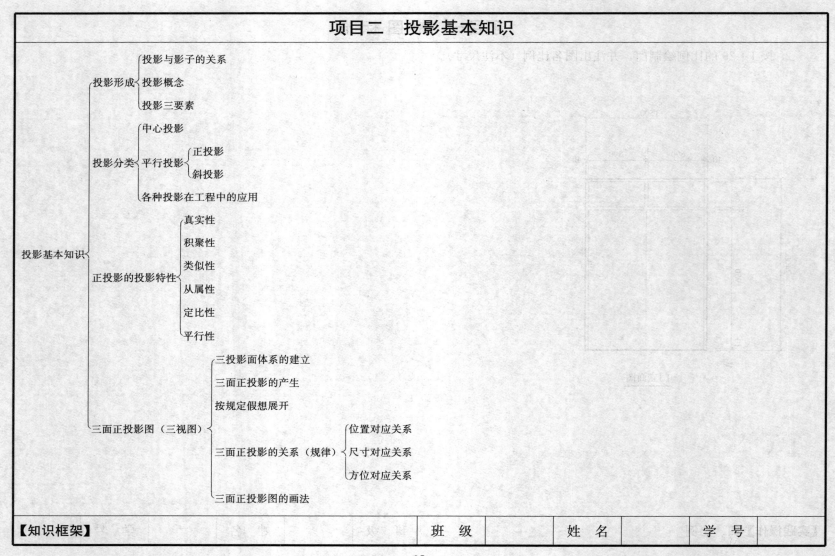

投影基本知识	投影形成 ┤ 投影与影子的关系 投影概念 投影三要素	
	投影分类 ┤ 中心投影 平行投影 ┤ 正投影 　　　　　斜投影 各种投影在工程中的应用	
	正投影的投影特性 ┤ 真实性 积聚性 类似性 从属性 定比性 平行性	
	三面正投影图（三视图） ┤ 三投影面体系的建立 三面正投影的产生 按规定假想展开 三面正投影的关系（规律） ┤ 位置对应关系 　　　　　　　　　　　　　尺寸对应关系 　　　　　　　　　　　　　方位对应关系 三面正投影图的画法	

【知识框架】	班　级		姓　名		学　号	

18

项目二 投影基本知识

一、填空题

1. 产生投影的三要素是_____、_____、_____。
2. 投影分为_____和_____两类。
3. 在平行投影中，根据投射线是否与投影面垂直可以分为_____投影和_____投影。
4. 在正投影中，直线或平面：平行于投影面时，其投影具有_____性；垂直于投影面时，其投影具有_____性；倾斜于投影面时，其投影具有_____性。
5. 填写表 2-1 工程图样所用投影方法。

常用工程图样　　　　　　　　　表 2-1

	正投影图	透视图	轴测图	标高投影图
投影方法				

6. 在三面正投影图中，H 面投影（又称俯视图或平面图）的投影方向是_____，V 面投影（又称主视图或正面图）的投影方向是_____，W 面投影（又称左视图或侧面图）的投影方向是_____。
7. 三面正投影的尺寸对应关系（三等规律）是_____、_____、_____。
8. 三面投影假想展开时，规定____面保持不动，将____面绕_____轴向下旋转_____度，_____面绕_____轴向右旋转_____度。

二、单项选择题

1. 下列关于正投影，说法错误的是（　　）。
A. 投射线互相平行
B. 投射线的投射角度根据需要而定
C. 能反映形体的真实形状和大小
D. 投射线假想透过形体

2. 三面正投影的优点是（　　）。
A. 直观性强　　　　　　　B. 富有立体感和真实感
C. 绘图简便，立体感强　　D. 绘图简便，度量性好

3. H 面投影反映形体（　　）方向的尺寸。
A. 长和宽　　　　　　　　B. 长和高
C. 宽和高　　　　　　　　D. 视具体情况而定

4. 在三面正投影中，反映形体宽度尺寸的是（　　）投影。
A. H 面和 V 面　　　　　　B. H 面和 W 面
C. V 面和 W 面　　　　　　D. 全部

5. V 面投影反映形体（　　）方向的尺寸。
A. 长和宽　　　　　　　　B. 长和高
C. 宽和高　　　　　　　　D. 视具体情况而定

6. V 面投影反映形体方位是（　　）。
A. 上下、左右　　　　　　B. 上下、前后
C. 左右、前后　　　　　　D. 上下、左右、前后

7. 三面正投影中，能反映形体前后、上下方位的是（　　）投影。
A. H 面　　　　　　　　　B. V 面
C. W 面　　　　　　　　　D. 视具体情况而定

项目二参考答案

【理论自测】	班　级		姓　名		学　号	

项目二 投影基本知识

将下列图示所采用的投影法填写在相应横线上。

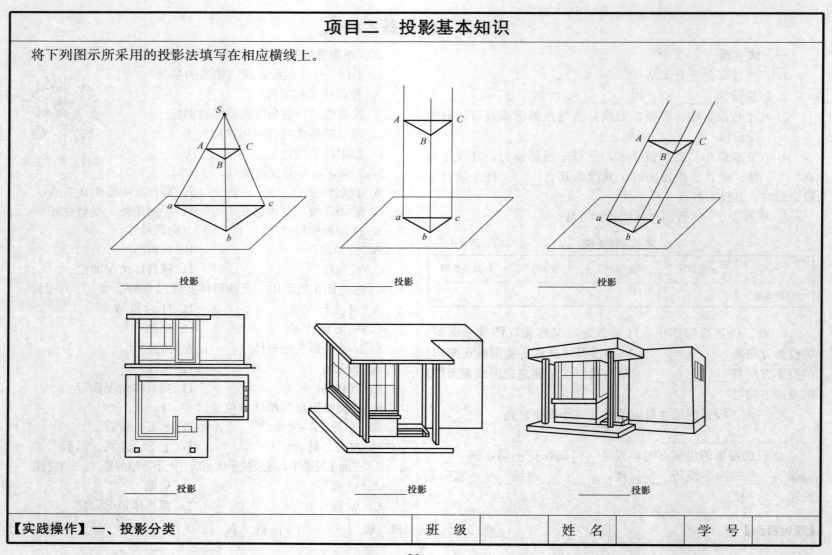

_____投影   _____投影   _____投影

_____投影   _____投影   _____投影

【实践操作】一、投影分类		班级		姓名		学号	

项目二 投影基本知识

1. 根据立体图，找出相对应的三面正投影图，填写出对应序号。

【实践操作】二、三面正投影图 | 班 级 | 姓 名 | 学 号

项目二　投影基本知识

2. 根据立体图绘制三面正投影图（尺寸从图中量取）。

（1）

（2）

（3）

（4）

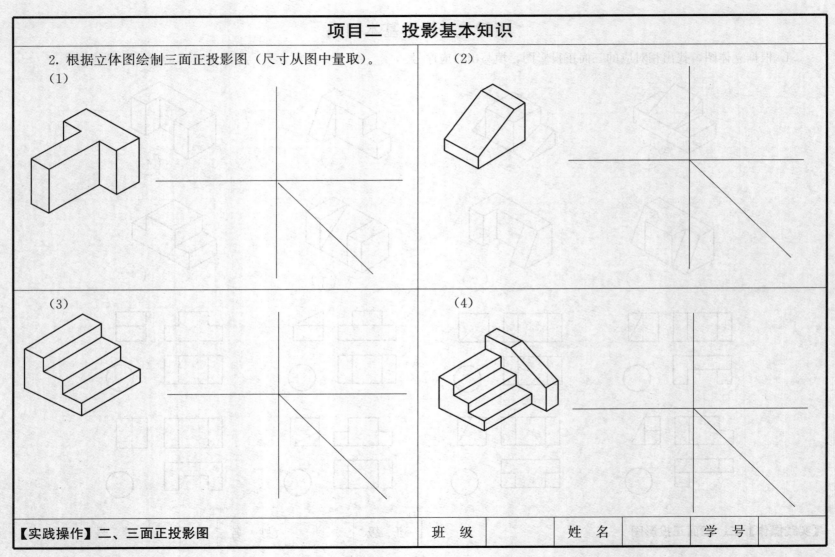

项目二 投影基本知识

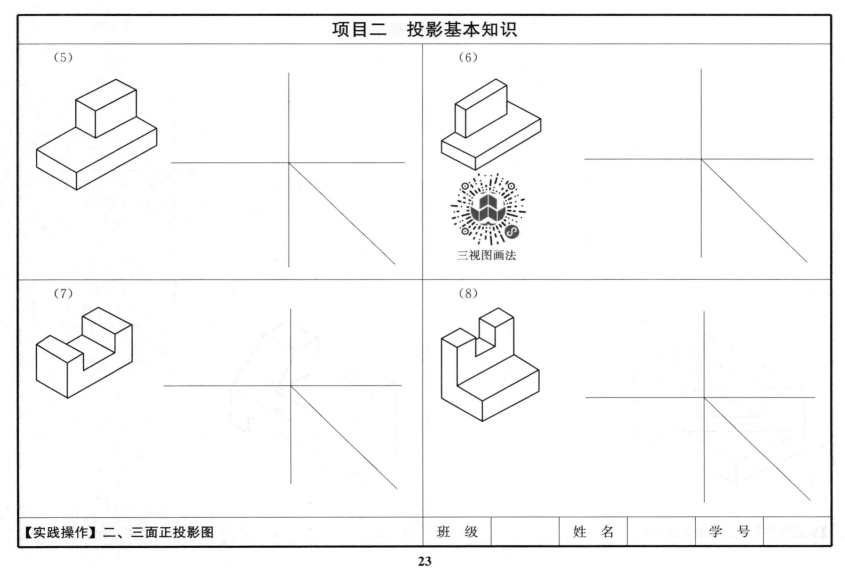

（5）

（6）

三视图画法

（7）

（8）

项目二 投影基本知识

(9)

(10)

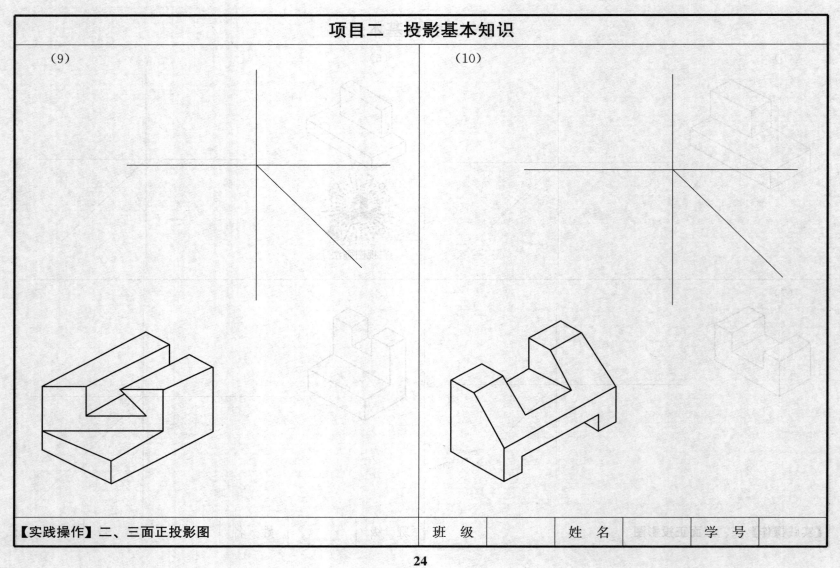

【实践操作】二、三面正投影图	班 级		姓 名		学 号	

项目三　建筑形体的表达方法

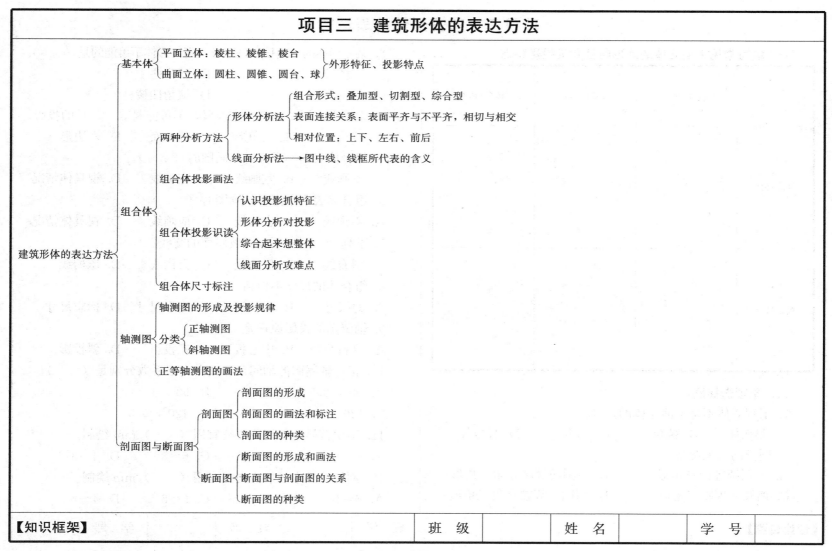

建筑形体的表达方法
- 基本体
  - 平面立体：棱柱、棱锥、棱台
  - 曲面立体：圆柱、圆锥、圆台、球 } 外形特征、投影特点
- 组合体
  - 两种分析方法
    - 形体分析法
      - 组合形式：叠加型、切割型、综合型
      - 表面连接关系：表面平齐与不平齐，相切与相交
      - 相对位置：上下、左右、前后
    - 线面分析法 → 图中线、线框所代表的含义
  - 组合体投影画法
  - 组合体投影识读
    - 认识投影抓特征
    - 形体分析对投影
    - 综合起来想整体
    - 线面分析攻难点
  - 组合体尺寸标注
- 轴测图
  - 轴测图的形成及投影规律
  - 分类
    - 正轴测图
    - 斜轴测图
  - 正等轴测图的画法
- 剖面图与断面图
  - 剖面图
    - 剖面图的形成
    - 剖面图的画法和标注
    - 剖面图的种类
  - 断面图
    - 断面图的形成和画法
    - 断面图与剖面图的关系
    - 断面图的种类

【知识框架】	班　级		姓　名		学　号	

25

项目三　建筑形体的表达方法

一、填写常见平面立体的外形特征和其投影特点

	棱柱（体）	棱锥（体）	棱台（体）
外形特征			
投影特点			

二、单项选择题

1. 下列立体不是平面立体的是（　　）。

A. 斜面体　　　B. 棱台　　　　C. 圆台　　　　D. 长方体

2. 圆锥的三视图是（　　）。

A. 一圆两等腰三角形　　　　B. 一圆两等腰直角三角形

C. 两圆一等腰三角形　　　　D. 两圆一等腰直角三角形

3. 某一形体的一面投影是矩形，则该形体不可能的是（　　）。

A. 三棱锥　　　　　　　　　B. 三棱柱

C. 圆柱　　　　　　　　　　D. 缺角四棱柱

4. 识读三视图中的某一直线段，不可能是（　　）的投影。

A. 棱线　　　B. 三角形　　　C. 圆锥面　　　D. 六边形

5. 组合体表面不平齐时，画图时（　　）。

A. 不画线　　　B. 宜画线　　　C. 应画线　　　D. 视具体情况

6. 组合体表面平齐时，画图时（　　）。

A. 不画线　　　B. 宜画线　　　C. 应画线　　　D. 视具体情况

7. 下列（　　）不是同坡屋面的交线。

A. 斜脊线　　　B. 屋脊线　　　C. 天沟线　　　D. 压檐线

8. 组合体的尺寸不包括（　　）。

A. 总尺寸　　　B. 定位尺寸　　C. 定形尺寸　　D. 标志尺寸

9. 轴测图的投影原理是（　　）。

A. 平行投影　　B. 中心投影　　C. 正投影　　　D. 斜投影

10. 正等轴测图的轴间角和轴向变形系数分别是（　　）。

A. 90°，0.5　　　　　　　　B. 90°，1

C. 120°，1　　　　　　　　D. 120°，0.5

11. 剖切符号中剖切位置线宜用（　　）mm 绘制。

A. 6～10　　　B. 4～6　　　C. 6～8　　　D. 4～8

12. 剖切符号中投射方向线宜用（　　）mm 绘制。

A. 6～10　　　B. 4～6　　　C. 6～8　　　D. 4～8

班　级		姓　名		学　号	

13. 某一对称形体，为充分反映物体内外部的情况，采用剖面图来表示，通常宜选择（　　）。
   A. 全剖面图　　　　　　　B. 半剖面图
   C. 阶梯剖面图　　　　　　D. 局部剖面图

14. 半剖面图中，视图与剖面图之间的分界线用（　　）绘制。
   A. 折断线　　　　　　　　B. 细虚线
   C. 波浪线　　　　　　　　D. 细单点长画线

15. 画剖面图时，当形体内部结构层次较多，用一个剖切平面无法将形体需表达的内部构造表达清楚时，可用（　　）。
   A. 全剖面图　　　　　　　B. 半剖面图
   C. 阶梯剖面图　　　　　　D. 局部剖面图

16. 局部剖面图与视图的分界线用（　　）绘制。
   A. 折断线　　　　　　　　B. 细虚线
   C. 波浪线　　　　　　　　D. 细单点长画线

17. 重合断面图的轮廓线用（　　）绘制。
   A. 粗实线　　　　　　　　B. 细实线
   C. 中虚线　　　　　　　　D. 细单点长画线

18. 有关剖面图和断面图，下列说法正确的是（　　）。
   A. 剖面图和断面图相同，称谓不同
   B. 剖面图中包含断面图
   C. 剖面图和断面图图示结果一致
   D. 剖面图包含于断面图

三、简答题

1. 剖面图和断面图如何形成？两者的区别是什么？

2. 剖面图与断面图各分为哪几种？

项目三参考答案

3. 同坡屋面的投影规律是什么？

【理论自测】

班　级		姓　名		学　号	

项目三　建筑形体的表达方法

四、按要求绘制建筑材料图例符号

名　称	图　例	名　称	图　例
自然土壤		混凝土	
夯实土壤		钢筋混凝土	
石材		多孔材料	
普通砖		木材(纵断面)	
砂、灰土		金属	

项目三　建筑形体的表达方法

1. 已知三棱柱高 20mm，绘制其另两面投影。

2. 已知四棱柱高 20mm，绘制其另两面投影。

3. 已知五棱柱高 20mm，绘制其另两面投影。

4. 已知六棱柱高 20mm，绘制其另两面投影。

【实践操作】一、基本体		班　级		姓　名		学　号	

项目三　建筑形体的表达方法

5. 已知三棱锥高 20mm，绘制其另两面投影。

6. 已知四棱锥高 20mm，绘制其另两面投影。

7. 已知六棱锥高 20mm，绘制其另两面投影。

8. 已知四棱台高 20mm，绘制其另两面投影。

【实践操作】一、基本体

班　级　　　　　姓　名　　　　　学　号

31

9. 已知圆柱高 20mm，绘制其另两面投影。

10. 已知圆锥高 20mm，绘制其另两面投影。

11. 绘制半球的另两面投影。

12. 已知圆台高 20mm，绘制其另两面投影。

【实践操作】一、基本体

班　级		姓　名		学　号	

项目三 建筑形体的表达方法

1. 已知形体轴测图，绘制三面正投影图（尺寸在图中量取）。

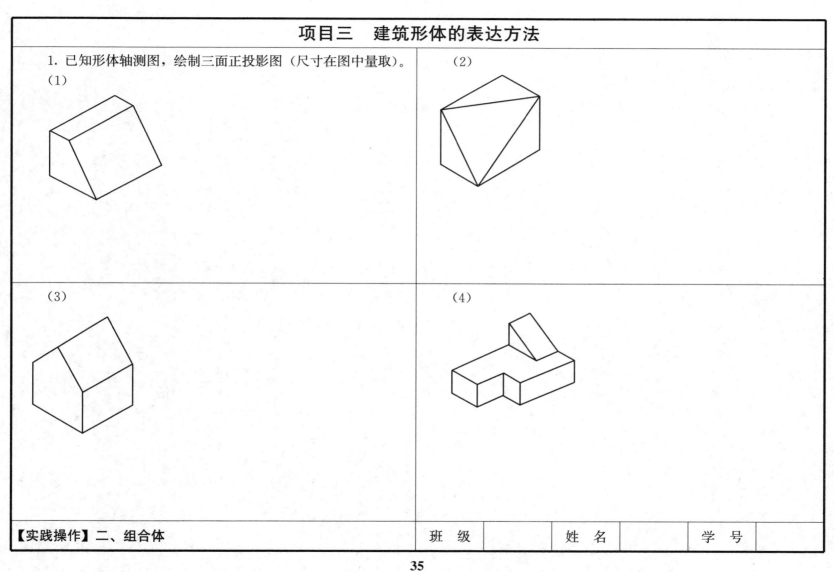

（1）

（2）

（3）

（4）

项目三　建筑形体的表达方法

（5）

（6）

（7）

（8）

（9）

（10）

（11）

（12）

【实践操作】二、组合体　　　　班　级　　　　姓　名　　　　学　号

项目三　建筑形体的表达方法

（13）

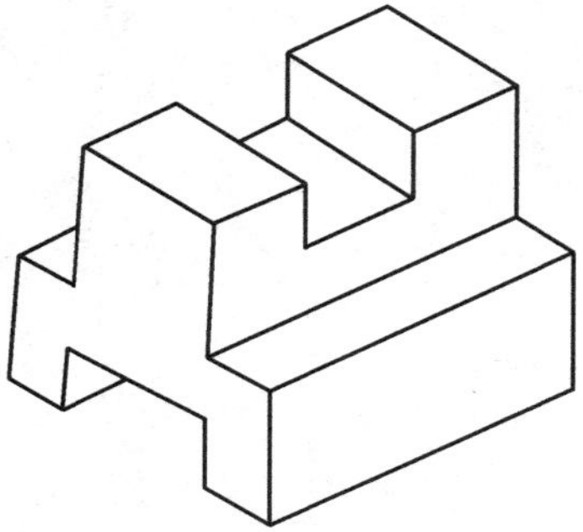

（14）

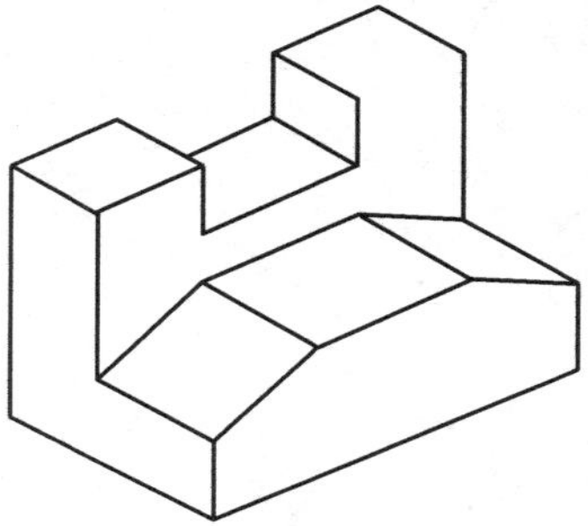

| 【实践操作】二、组合体 | 班　级 | | 姓　名 | | 学　号 | |

项目三　建筑形体的表达方法

（15）

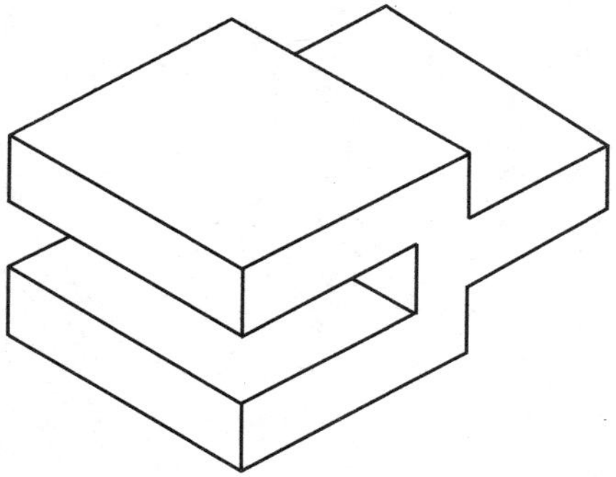

（16）

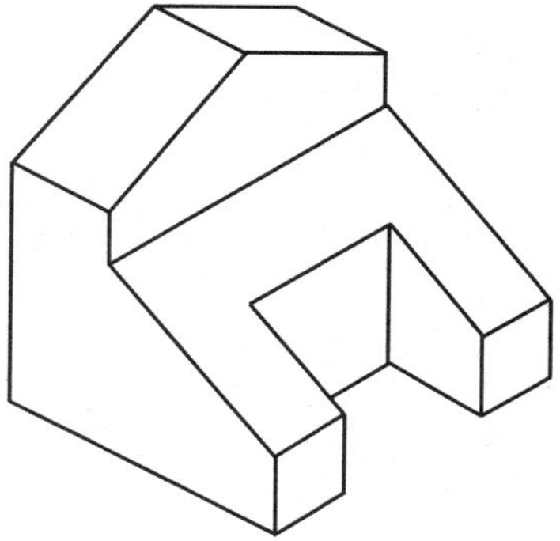

| 【实践操作】二、组合体 | 班　级 | | 姓　名 | | 学　号 | |

（17）

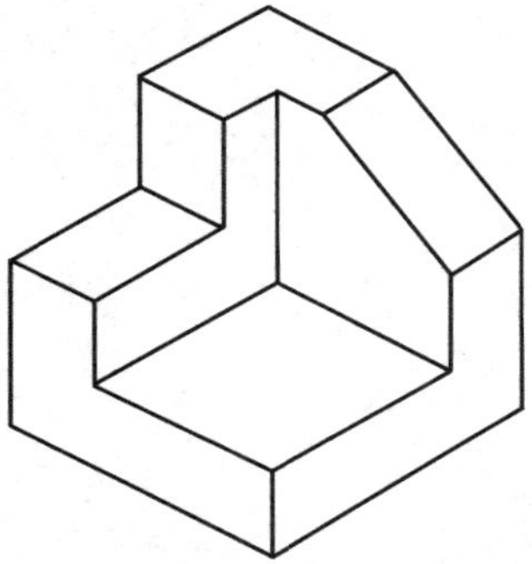

（18）

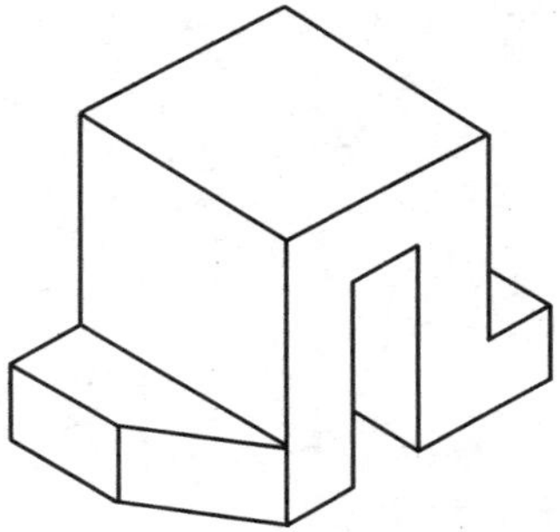

| 【实践操作】二、组合体 | 班　级 | | 姓　名 | | 学　号 | |

项目三　建筑形体的表达方法

（19）

（20）

（21）

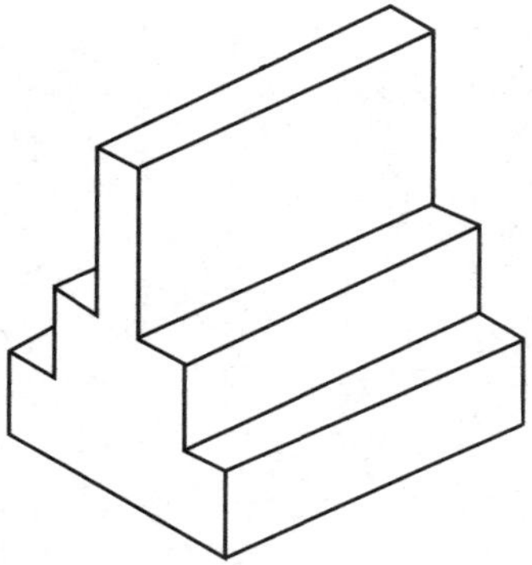

（22）

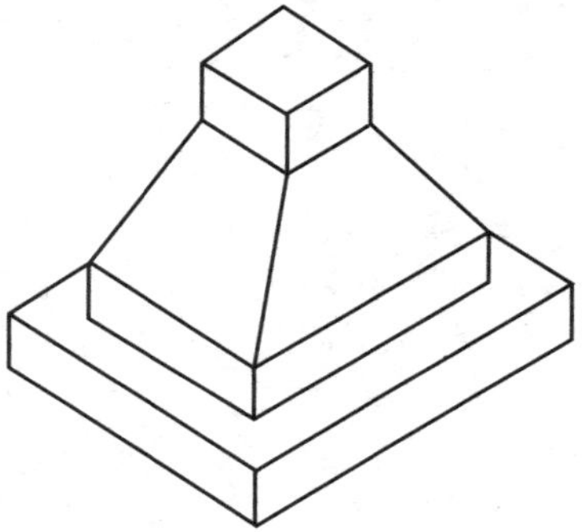

【实践操作】二、组合体

班　级		姓　名		学　号	

（23）

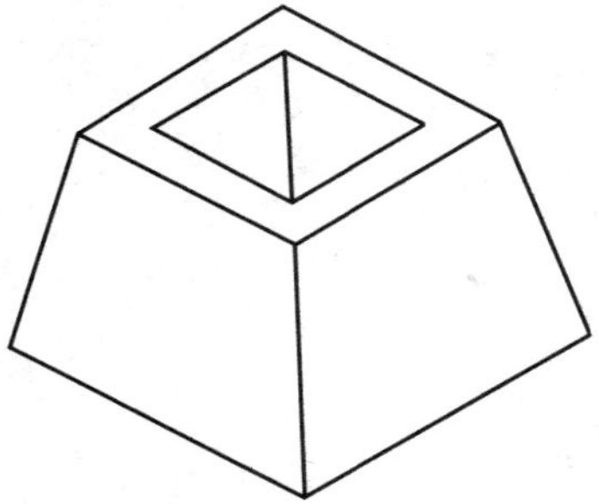

（24）

内为通孔

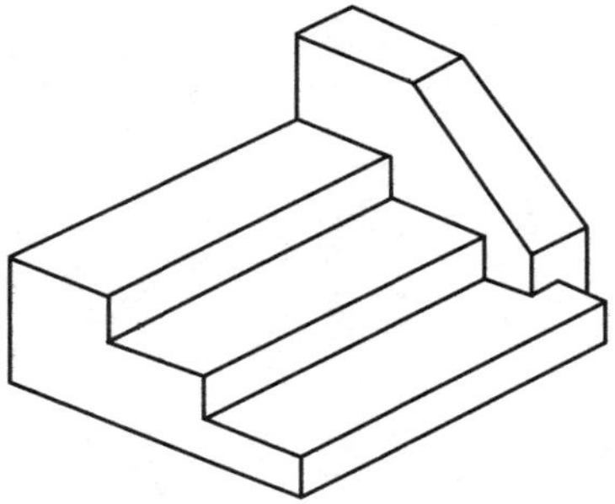

【实践操作】二、组合体

班　级		姓　名		学　号	

（25）

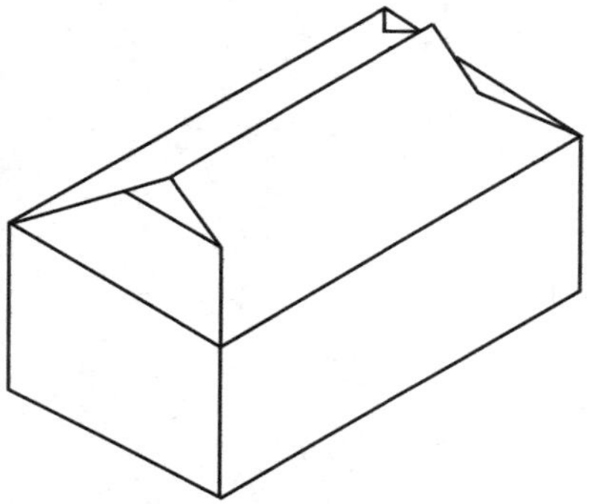

（26）

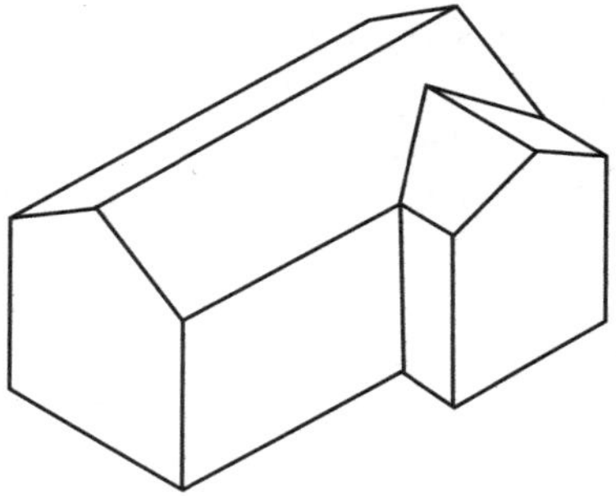

【实践操作】二、组合体

班　级		姓　名		学　号	

项目三　建筑形体的表达方法

（27）

（28）

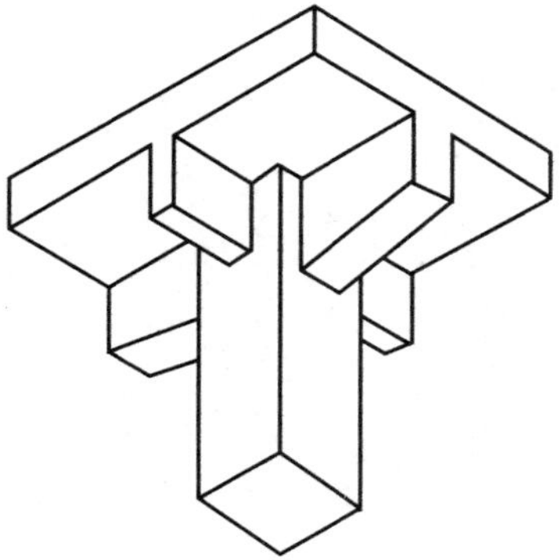

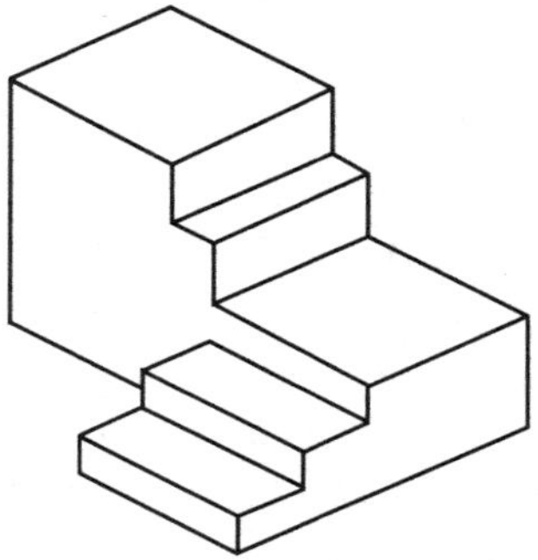

【实践操作】二、组合体	班　级		姓　名		学　号	

项目三　建筑形体的表达方法

2. 根据形体轴测图，补绘三面正投影图中所缺的图线。

（1）

（2）

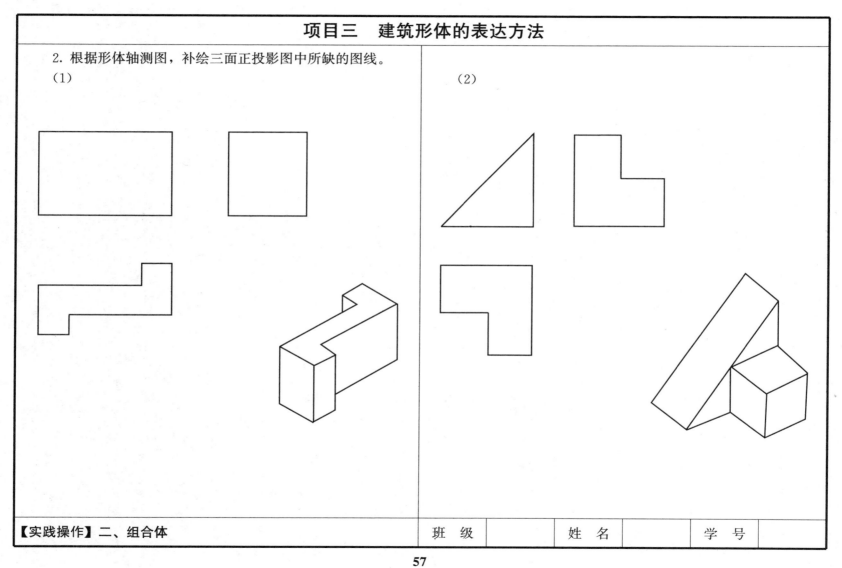

（3）

（4）

项目三　建筑形体的表达方法

3. 已知形体的两面投影，补绘第三面投影。

（1）

（2）

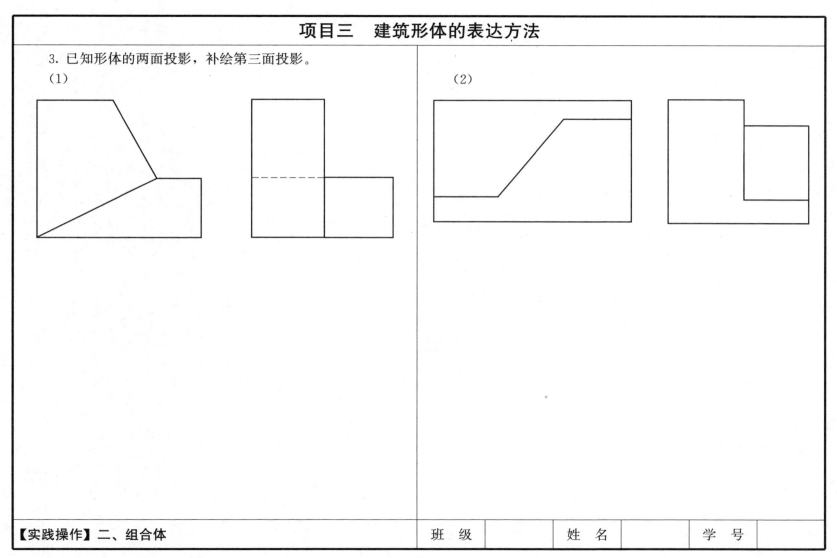

【实践操作】二、组合体

班　级		姓　名		学　号	

（3）

（4）

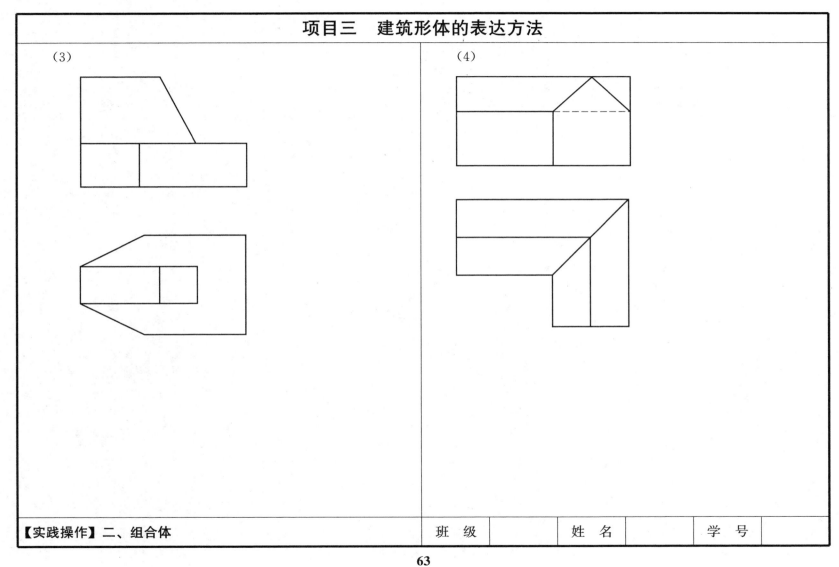

项目三 建筑形体的表达方法

4. 根据相同的 H 面投影，想象出不同形体的形状，分别绘出不同的 V 面投影。

5. 根据相同的 V 面、W 面投影，想象出不同形体的形状，分别绘出 H 面投影。

项目三　建筑形体的表达方法

根据已知正投影图，绘制其正等轴测图。

（1）

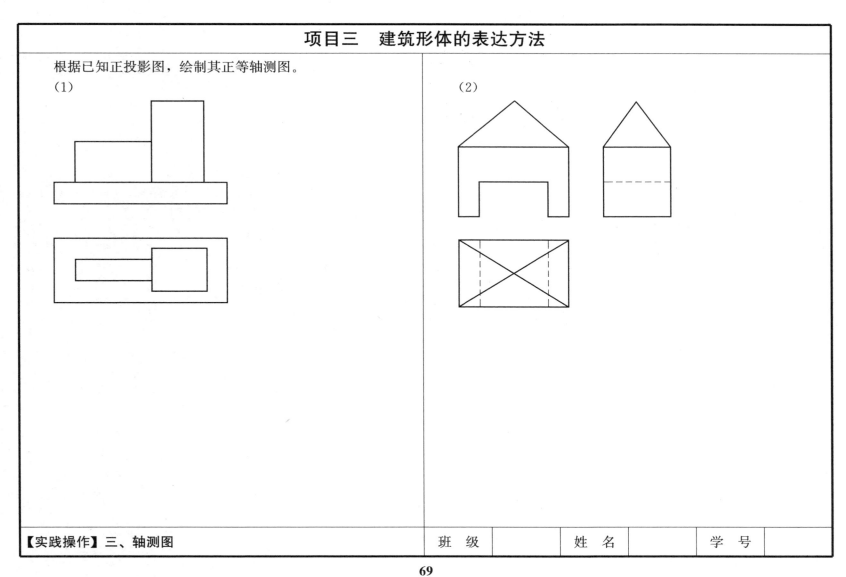

（2）

（3）

（4）

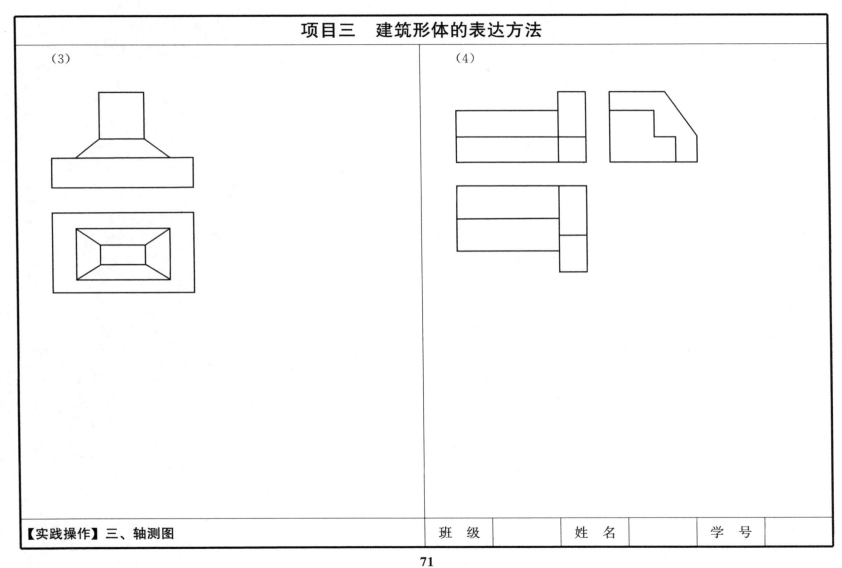

【实践操作】三、轴测图

班　级		姓　名		学　号	

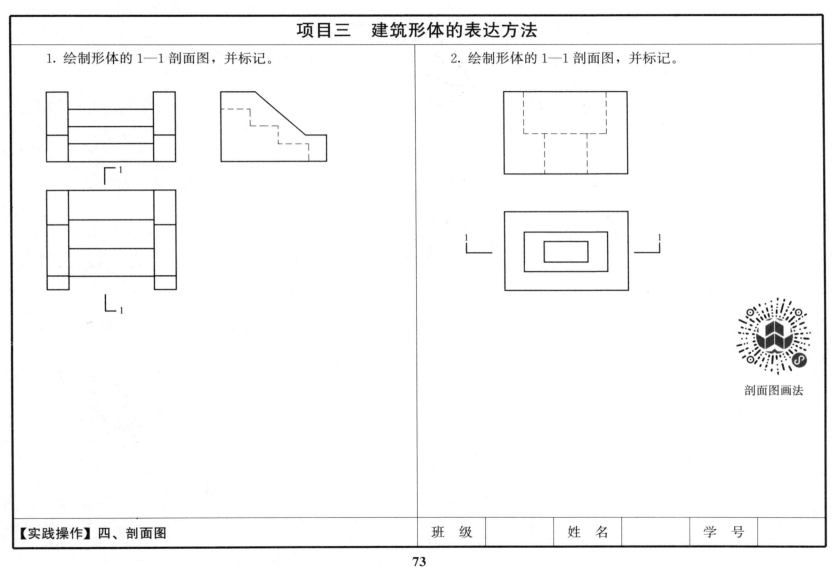

项目三　建筑形体的表达方法

1. 绘制形体的 1—1 剖面图，并标记。

2. 绘制形体的 1—1 剖面图，并标记。

剖面图画法

【实践操作】四、剖面图

班　级		姓　名		学　号	

项目三　建筑形体的表达方法

3. 绘制形体的正面全剖面图、侧面半剖面图，并标记。

4. 绘制形体的1—1剖面图，并标记。

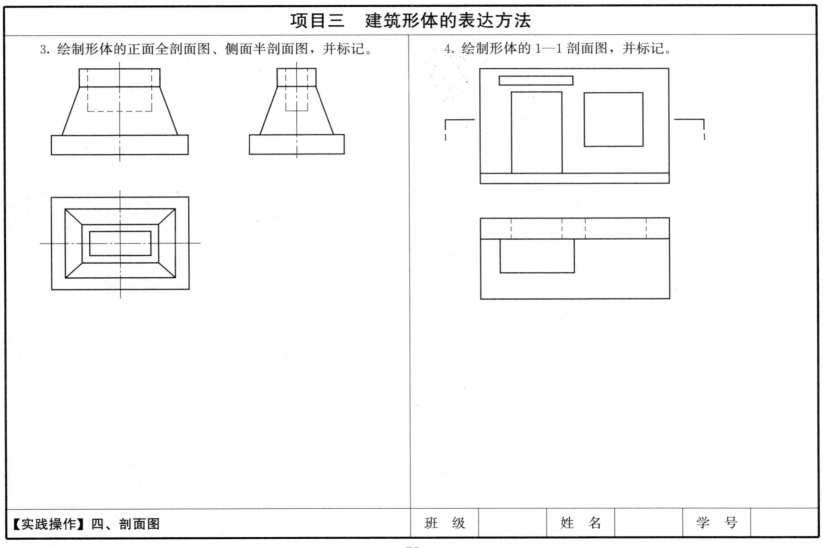

【实践操作】四、剖面图	班　级		姓　名		学　号	

75

5. 绘制形体的 1—1、2—2 剖面图，并标记。

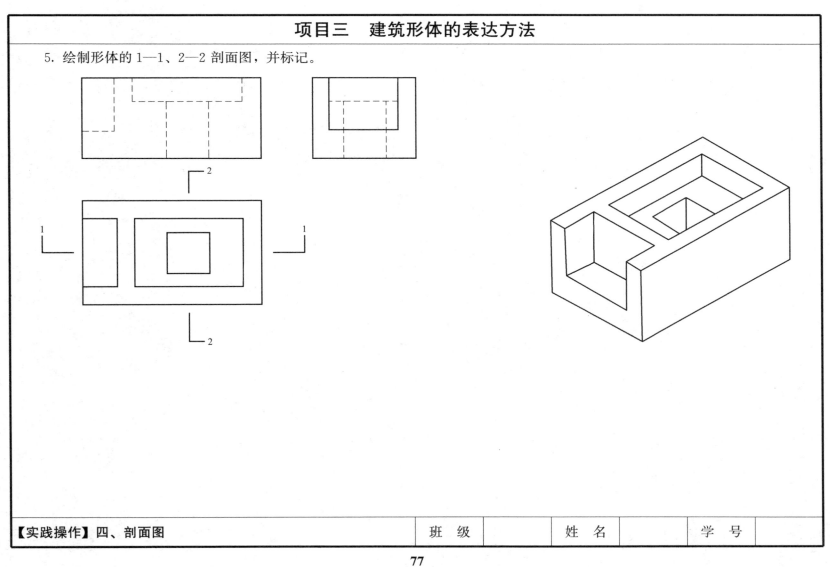

6. 绘制形体的 1—1 阶梯剖面图，并标记。

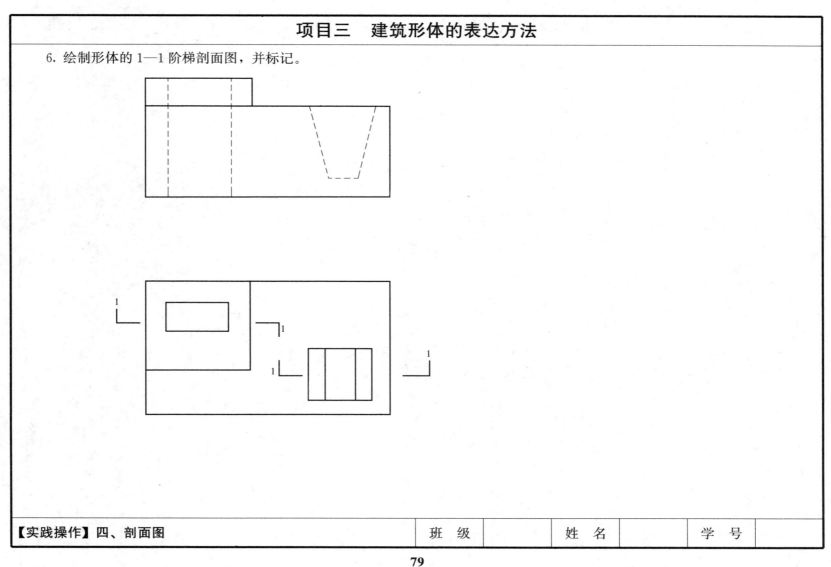

项目三　建筑形体的表达方法

7. 绘制形体的 1—1 剖面图，并标记。

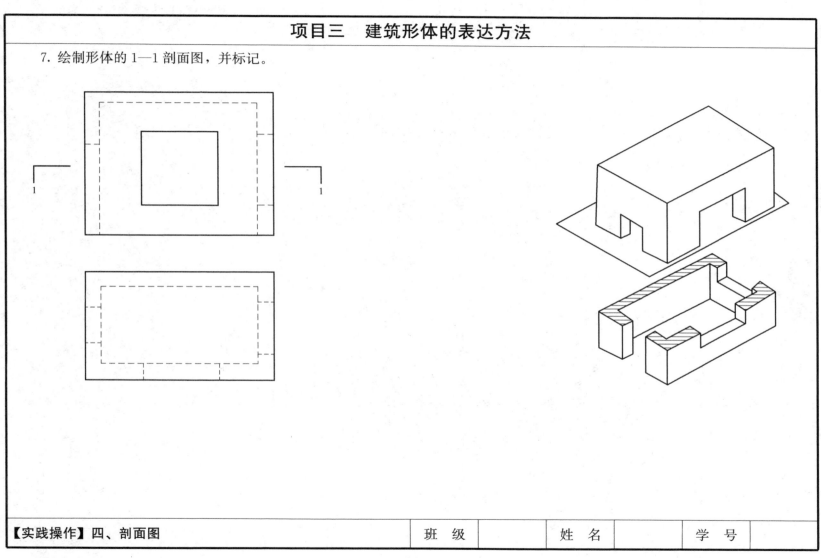

8. 绘制形体的 2—2 剖面图，并标记。

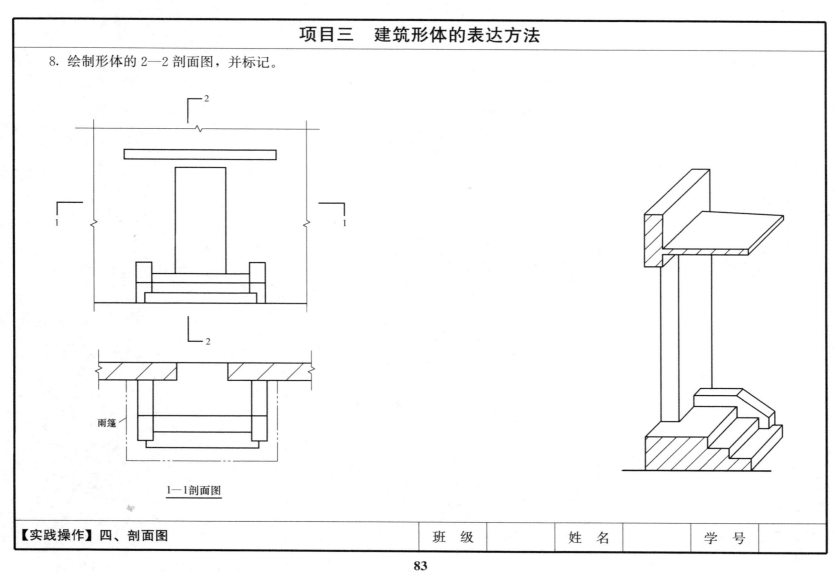

1—1剖面图

雨篷

项目三　建筑形体的表达方法

9. 绘制形体的 1—1 阶梯剖面图，并标记。

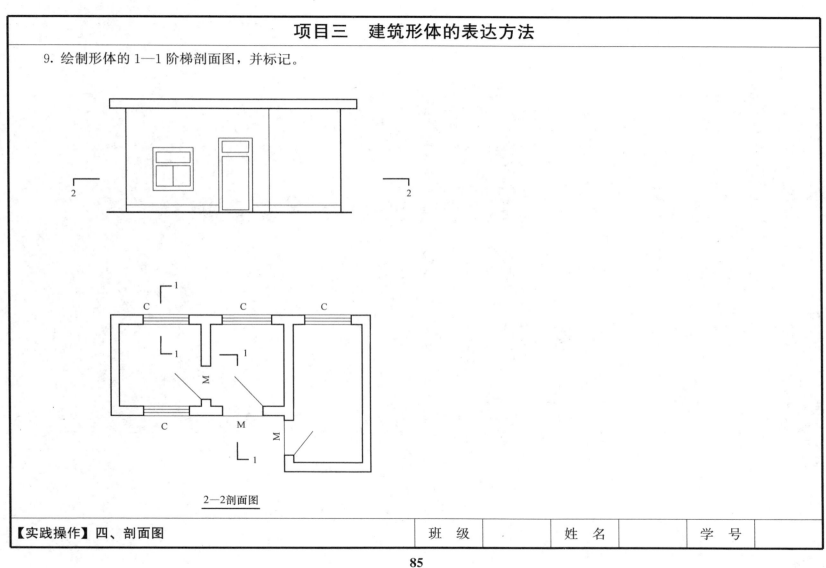

2—2剖面图

项目三　建筑形体的表达方法

1. 绘制牛腿柱的 1—1、2—2、3—3 移出断面图，并标记。

2. 绘制形体的 1—1、2—2 移出断面图，并标记。

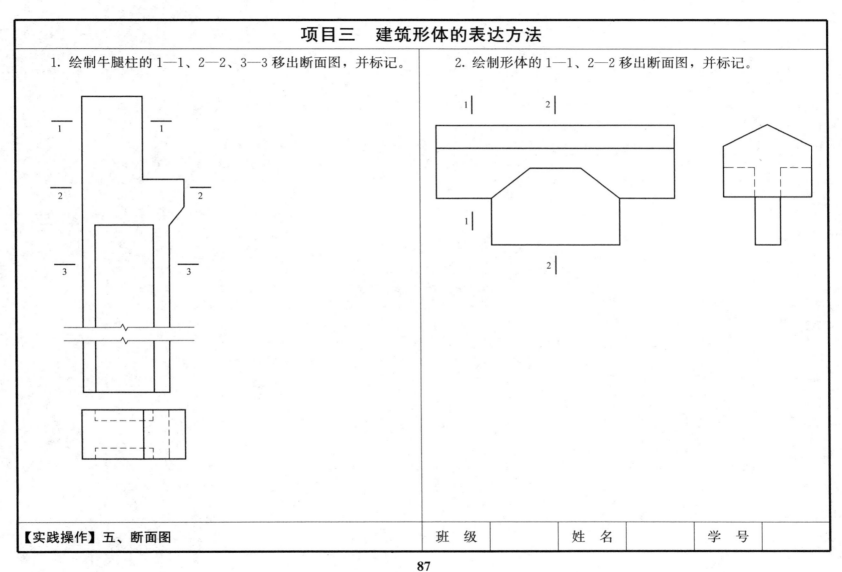

3. 放大一倍绘制吊车梁的 1—1、2—2、3—3、4—4 移出断面图，并标记。

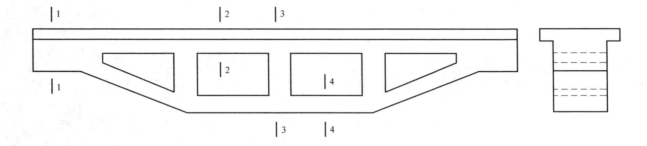

4. 绘制十字梁中断面图和重合断面图。

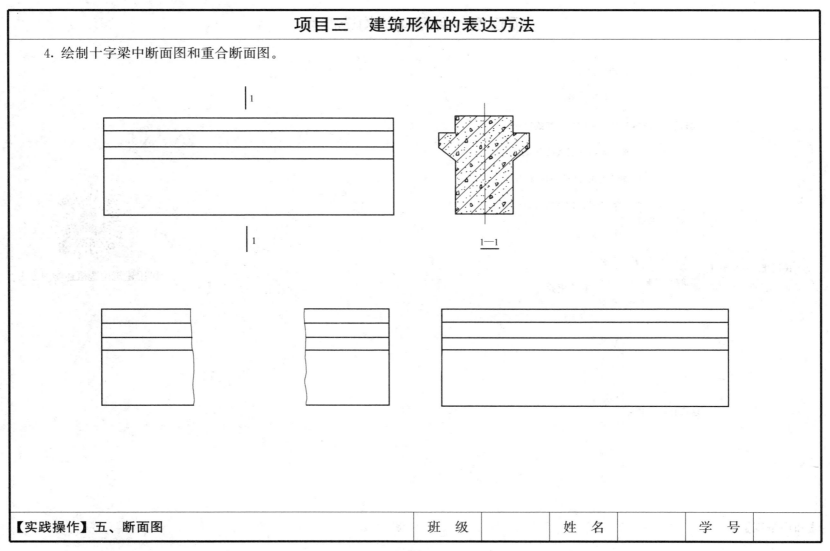

1—1

项目四　民用建筑构造概述

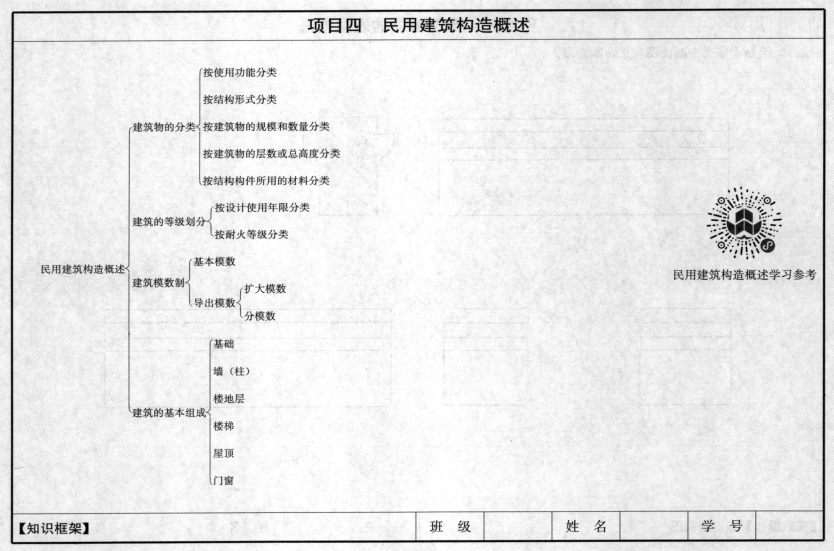

民用建筑构造概述
- 建筑物的分类
  - 按使用功能分类
  - 按结构形式分类
  - 按建筑物的规模和数量分类
  - 按建筑物的层数或总高度分类
  - 按结构构件所用的材料分类
- 建筑的等级划分
  - 按设计使用年限分类
  - 按耐火等级分类
- 建筑模数制
  - 基本模数
  - 导出模数
    - 扩大模数
    - 分模数
- 建筑的基本组成
  - 基础
  - 墙（柱）
  - 楼地层
  - 楼梯
  - 屋顶
  - 门窗

民用建筑构造概述学习参考

【知识框架】		班　级		姓　名		学　号	

项目四　民用建筑构造概述

一、填空题

1. 建筑按使用功能分为_____、_____、_____三大类。

2. 民用建筑分为_____和_____。

3. 按照现行《民用建筑设计统一标准》GB 50352—2019 中规定：民用建筑按层数划分时，住宅建筑_____层为低层住宅、_____层为多层住宅、_____层及以上为高层住宅；公共建筑和宿舍建筑按层数划分时，_____层为低层、_____层为多层、_____层为高层。

4. 民用建筑按高度划分时，住宅建筑高度____m 为低层或多层建筑，_____m 为高层建筑；公共建筑（包括建筑高度大于 24.0m 的单层公共建筑）高度_____m 为低层或多层建筑，_____m 为高层建筑建筑；建筑物总高度超过_____m 时，不论其是住宅还是公共建筑均为超高层建筑。

5. 民用建筑根据设计使用年限分为____类，其中纪念性建筑和特别重要建筑的设计使用年限是____年，普通建筑和构筑物的设计使用年限是____年，易于替换结构构件的建筑的设计使用年限是____年，临时性建筑的设计使用年限是____年。

6. 建筑耐火等级分为_____级，随着级数的增加，防火性能越来越_____。

7. 耐火极限指建筑构件从受到火的作用起，到_____或_____或_____为止的这段时间，用_____表示。

8. 模数作为尺度协调中的增值单位，分为____和____，其中基本模数的数值为_____，用 M 表示，即 $1M =$_____mm。

9. 建筑物的开间（柱距）、进深（跨度）、门窗洞口宽度宜采用水平基本模数和_____ M、_____ M 的水平扩大模数数列。建筑物的高度、层高和门窗洞口高度等宜采用竖向基本模数和_____ M 的竖向扩大模数数列。

10. 一般民用建筑由_____、_____、_____、_____、_____和门窗组成。

二、单项选择题

1. 建筑物最下面的部分是（　　）。
A. 首层地面　　　　　　　　B. 首层墙或柱
C. 基础　　　　　　　　　　D. 地基

2. 某办公建筑高度 28m，该办公楼属于（　　）。
A. 低层建筑　　　　　　　　B. 多层建筑
C. 中高层建筑　　　　　　　D. 高层建筑

3. 按建筑的规模和数量的不同，建筑可分为（　　）。
A. 民用建筑和工业建筑　　　B. 普通建筑和高层建筑
C. 大量性建筑和大型性建筑　D. 一般建筑和重要建筑

4. 下列（　　）组数字符合建筑模数统一制的要求。
Ⅰ. 3000mm　Ⅱ. 3330mm　Ⅲ. 50mm　Ⅳ.1560mm
A. Ⅰ，Ⅱ　　　　　　　　　B. Ⅰ，Ⅲ
C. Ⅱ，Ⅲ　　　　　　　　　D. Ⅰ，Ⅳ

5. 经防火处理的木构件是（　　）。

A. 非燃烧体　　　　　　　B. 燃烧体

C. 难燃烧体　　　　　　　D. 都不是

6. 高层建筑中常见的结构类型主要有（　　）。

A. 砖混结构　　　　　　　B. 框架结构

C. 木结构　　　　　　　　D. 砌体结构

7. 构造节点和分部件的接口尺寸等宜采用（　　）。

A. 基本模数　　　　　　　B. 扩大模数

C. 分模数　　　　　　　　D. 标准模数

8. 下列属于非承重构件的是（　　）。

A. 门窗　　　B. 地面　　　C. 楼梯　　　D. 基础

9. （　　）是建筑沿水平方向的承重构件，并将所承受的荷载传给建筑的竖向承重构件。

A. 基础　　　　　　　　　B. 墙（柱）

C. 门窗　　　　　　　　　D. 楼板层

10. 下列既是承重构件，又是围护构件的是（　　）。

A. 基础，墙体　　　　　　B. 门窗，楼地层

C. 门窗，屋顶　　　　　　D. 墙体，屋顶

11. 高度超过（　　）m 的住宅建筑是一类民用建筑。

A. 24　　　B. 27　　　C. 50　　　D. 54

12. 住宅建筑的设计使用年限一般是（　　）年。

A. 50　　　B. 70　　　C. 55　　　D. 60

13. 建筑物的设计使用年限为 50 年，适用于（　　）。

A. 临时性建筑　　　　　　B. 普通房屋和构筑物

C. 纪念性建筑　　　　　　D. 高层建筑

14. 下列不属于高层建筑的是（　　）。

A. 高度为 27m 的单层展览中心

B. 10 层的公寓

C. 10 层的单元式住宅

D. 高度为 51m 的综合楼

15. 建筑物的耐火等级取决于房屋主要构件的（　　）。

A. 耐火极限和燃烧性能　　B. 耐火极限或燃烧性能

C. 燃烧体和非燃烧体　　　D. 难燃烧体或非燃烧体

三、判断题

1. 公寓属于公共类建筑。　　　　　　　　　（　　）

2. 楼板可以增加墙体稳定性。　　　　　　　（　　）

3. 高层民用建筑的耐火等级为一级。　　　　（　　）

4. 体育馆属于大量性建筑。　　　　　　　　（　　）

5. 建筑的耐火等级为一级建筑的承重墙应为非燃烧体，耐火极限为 3h。　　　　　　　　　　　　　　　　（　　）

6. 建筑高度大于 24m 的住宅建筑属于高层建筑。　（　　）

7. 建筑高度超过 50m 的公共建筑属于二类高层民用建筑。　　　　　　　　　　　　　　　　　　（　　）

| 【理论自测】 | 班　级 | | 姓　名 | | 学　号 | |

项目四　民用建筑构造概述

8. 纪念馆、博物馆的耐久等级为一级。　　　　　（　　）

9. 建筑的耐火等级越高，其构件的耐火极限越短。（　　）

10. 建筑模数分为扩大模数和分模数。　　　　　　（　　）

11. 民用建筑按使用功能可分为居住建筑和公共建筑。

　　　　　　　　　　　　　　　　　　　　　　（　　）

12. 当建筑物高度超过 100m 时，不论住宅还是公共建筑均为超高层建筑。　　　　　　　　　　　　　　　（　　）

四、名词解释

1. 民用建筑——

2. 开间——

3. 进深——

4. 净高——

5. 高层建筑——

6. 钢筋混凝土结构——

项目四参考答案

7. 砌体结构——

8. 钢结构——

项目四　民用建筑构造概述

五、简答题

1. 建筑的构造要素有哪些？各构成要素之间的关系是什么？

3. 建筑物的耐火等级是根据什么确定的？分为几级？

2. 什么是层高？建筑物顶层的层高如何计算？

4. 什么是建筑模数？其作用是什么？分为哪几种？

项目四 民用建筑构造概述

一、根据民用建筑的组成，写出图 4-1 中相应序号部位的构造名称，并简要说明各基本组成的作用和要求。

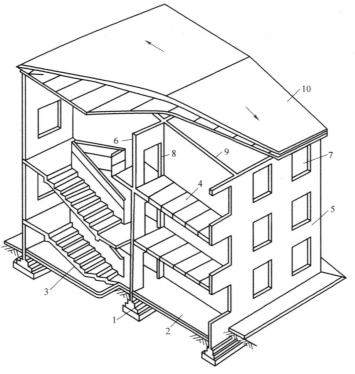

图 4-1 民用建筑的构造组成

民用建筑基本组成

项目四　民用建筑构造概述

二、确定建筑物的分类和等级划分。

识读某民用建筑施工图纸（由教师提供或使用本教材附图）试确定：

1. 该建筑物按结构形式划分的类型。

2. 该建筑物的设计使用年限和耐火等级，主要构件的燃烧性能和耐火极限。

3. 该建筑物设计依据、相应的标准规范。

项目五 基础与地下室

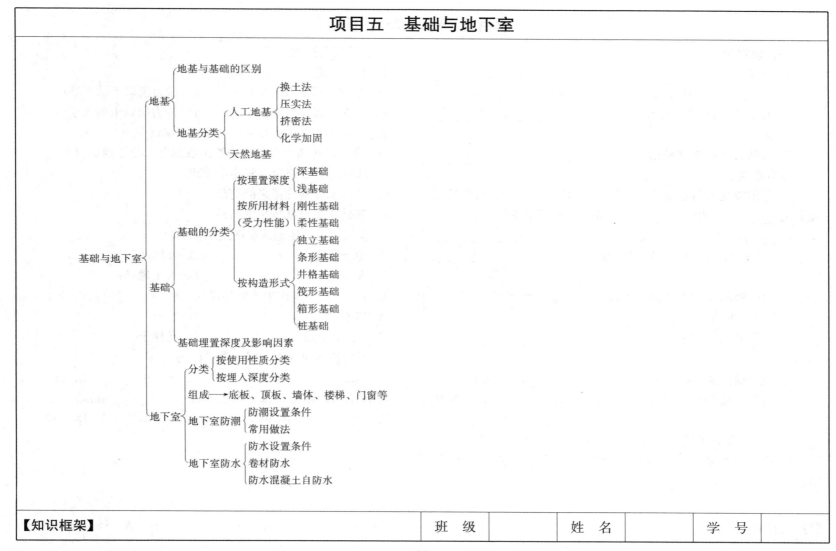

基础与地下室
- 地基
  - 地基与基础的区别
  - 地基分类
    - 人工地基
      - 换土法
      - 压实法
      - 挤密法
      - 化学加固
    - 天然地基
- 基础
  - 基础的分类
    - 按埋置深度
      - 深基础
      - 浅基础
    - 按所用材料（受力性能）
      - 刚性基础
      - 柔性基础
    - 按构造形式
      - 独立基础
      - 条形基础
      - 井格基础
      - 筏形基础
      - 箱形基础
      - 桩基础
  - 基础埋置深度及影响因素
- 地下室
  - 分类
    - 按使用性质分类
    - 按埋入深度分类
  - 组成——底板、顶板、墙体、楼梯、门窗等
  - 地下室防潮
    - 防潮设置条件
    - 常用做法
  - 地下室防水
    - 防水设置条件
    - 卷材防水
    - 防水混凝土自防水

【知识框架】 | 班 级 | | 姓 名 | | 学 号 |

项目五 基础与地下室

一、填空题

1. 地基是＿＿＿＿＿＿＿＿＿＿＿＿＿＿＿＿，基础是＿＿＿＿＿
＿＿＿＿＿＿。地基分为＿＿＿＿＿地基和＿＿＿＿＿地基。

2. 人工地基加固方法有＿＿＿＿＿、＿＿＿＿＿、＿＿＿＿＿、
＿＿＿等。

3. 基础的埋置深度是指＿＿＿＿＿＿＿＿＿＿＿＿＿＿＿＿＿
＿＿垂直距离。

4. 基础按受力特点分为＿＿＿＿＿和＿＿＿＿＿；按埋置深
度分为＿＿＿＿＿和＿＿＿＿＿；按构造形式分为＿＿＿＿＿、
＿＿＿＿＿、＿＿＿＿＿、＿＿＿＿＿；按所用材料分为＿＿＿＿＿、
＿＿＿＿＿、＿＿＿＿＿、＿＿＿＿＿等。

5. 对于钢筋混凝土基础，混凝土的强度等级不低于＿＿＿＿
＿＿，受力钢筋直径不小于＿＿＿＿＿＿。

6. 筏形基础按结构形式可分为＿＿＿＿＿和＿＿＿＿＿
两类。

7. 桩基础按受力性能分为＿＿＿＿＿和＿＿＿＿＿两类。

8. 地下室按使用功能分＿＿＿＿＿和＿＿＿＿＿；一般由
＿＿＿＿＿、＿＿＿＿＿、＿＿＿＿＿、＿＿＿＿＿
＿＿＿＿＿等部分组成。

9. 地下室的窗台低于室外地面时，为了保证采光和通风，
应设置＿＿＿＿＿。

二、单项选择题

1. 地基是指（　　）。
A. 基础下部所有的土层　　　B. 持力层以下的下卧层
C. 基础下部的持力层　　　　D. 持力层以上的土层

2. 关于地基与基础关系下列表述正确的是（　　）。
A. 地基和基础均为建筑物的组成部分，处于地面以下
B. 基础应满足稳定性和变形要求
C. 地基承受基础传来的荷载
D. 基础承受地基传来的荷载

3. 直接在上面建造房屋的土层称为（　　）。
A. 原土地基　　　　　　　　B. 天然地基
C. 人造地基　　　　　　　　D. 人工地基

4. （　　）不能作为天然地基。
A. 岩石　　　　　　　　　　B. 砂土
C. 湿陷性黄土　　　　　　　D. 黏性土

5. 下列基础埋深中，属于深基础的是（　　）。
A. 3m　　　B. 4m　　　C. 4.5m　　　D. 5m

6. 除岩石地基外，基础埋深不宜小于（　　）mm。
A. 500　　　B. 550　　　C. 600　　　D. 650

【理论自测】

班　级		姓　名		学　号	

7. 室内首层地面标高为±0.000，基础底面标高为−1.500，室外设计地坪标高为−0.600，则基础埋置深度为（　　）m。

A. 1.5　　　　B. 2.1　　　　C. 0.9　　　　D. 1.2

8. 有时基础底面应埋在设计最低地下水位（　　）mm。

A. 以下500　　　　　　　B. 以上100

C. 以下200　　　　　　　D. 以上300

9. 有时基础要埋在冰冻线（　　）mm。

A. 以下500　　　　　　　B. 以上100

C. 以下200　　　　　　　D. 以上300

10. 下列有关刚性基础，说法正确的是（　　）。

A. 形成刚性基础的材料有砖、石、钢筋混凝土等

B. 基础在设计时不受刚性角限制

C. 基础的抗压强度大，抗拉抗剪强度小

D. 基础可以做得宽且薄

11. 下列基础中，刚性角最大的基础是（　　）。

A. 混凝土基础

B. 砖基础

C. 三合土基础

D. 毛石基础

12. 刚性角一般以基础的宽高比表示，砖基础的刚性角为（　　）。

A. 1∶0.5　　B. 1∶1　　C. 1∶2　　D. 1∶1.5

13. 砌筑砖基础的砂浆强度等级不小于（　　）。

A. M5　　　　B. M7.5　　　　C. M10　　　　D. M15

14. 下列基础中，属于柔性基础的是（　　）。

A. 砖基础　　　　　　　B. 毛石基础

C. 混凝土基础　　　　　D. 钢筋混凝土基础

15. 当建筑物为柱承重，且柱距较大时宜采用（　　）。

A. 独立基础　　　　　　B. 条形基础

C. 井格基础　　　　　　D. 筏形基础

16. 基础设计中，在连续的墙下或密集的柱下，宜采用（　　）。

A. 独立基础　　　　　　B. 条形基础

C. 井格基础　　　　　　D. 筏形基础

17. （　　）是高层建筑中最为常见的一种深基础。

A. 桩基础　　　　　　　B. 条形基础

C. 筏形基础　　　　　　D. 箱形基础

18. 为了使基础和地基土有一个良好的接触面，钢筋混凝土基础通常设有混凝土垫层，其厚度一般为（　　）。

A. 50～60mm　　　　　B. 70～100mm

C. 100～120mm　　　　D. 120～150mm

19. 地下工程的防水等级分为（　　）。

A. 二级　　　B. 三级　　　C. 四级　　　D. 五级

| 【理论自测】 | 班　级 | | 姓　名 | | 学　号 | |

项目五　基础与地下室

20. 当地下水的最高水位高于地下室底板时，地下室的外墙和底板必须采取（　　）

    A. 防洪   B. 防雨

    C. 防潮   D. 防水

21. 地下室的钢筋混凝土外墙最小厚度不应小于（　　）mm。

    A. 200   B. 250

    C. 300   D. 350

22. 地下室防潮层外侧应回填弱透水性土，其填土宽度不小于（　　）mm。

    A. 200   B. 300

    C. 350   D. 500

23. 地下室按（　　）分为普通地下室和人防地下室。

    A. 结构材料

    B. 使用功能

    C. 埋置深度

    D. 顶板到室外地坪的距离

24. 当（　　），要求做地下室防水。

    A. 最高地下水位高于地下室底板标高时

    B. 最高地下水位高于地下室顶板标高时

    C. 最高地下水位低于底板标高 300mm 时

    D. 最高地下水位低于底板标高 500mm 时

三、判断题

1. 地基是建筑物重要的组成部分，处于地面以下。（　　）

2. 地基与基础在构造上是一个含义，两种称谓。（　　）

3. 刚性基础受刚性角的限制，所以基础底面积越大所需基础的高度越高。（　　）

4. 混凝土和钢筋混凝土基础都属于柔性基础。（　　）

5. 三合土基础为刚性基础，可不受刚性角的限制。（　　）

6. 人工地基的常见做法有换土法、压实法、打桩法等。（　　）

7. 为满足地基土的稳定性要求，基础应尽可能地埋在最高地下水位以下。（　　）

8. 为满足地基土的稳定性要求，基础应尽可能地埋在冰冻线以上。（　　）

9. 桩基础按施工方法可分为端承桩和摩擦桩。（　　）

10. 某地下室净高 3m，其中有 2m 埋在土中，则该地下室为半地下室。（　　）

项目五参考答案

【理论自测】

班　级		姓　名		学　号	

102

项目五　基础与地下室

四、名词解释

1. 刚性基础——

2. 柔性基础——

3. 半地下室——

4. 全地下室——

5. 冰冻线——

6. 人工地基——

五、简答题

1. 地基与基础的关系及设计要求是什么？

项目五　基础与地下室

2. 影响基础埋置深度的因素有哪些?

3. 桩基础的组成和分类是什么?

4. 地下室做防潮和防水的设置条件是什么?

5. 简述条形基础、独立基础、井格基础、筏形基础、箱形基础及桩基础的特点及适用情况。

【理论自测】		班　级		姓　名		学　号	

项目五　基础与地下室

一、在图 5-1 基础类型中的每条横线上写出相对应的基础名称。

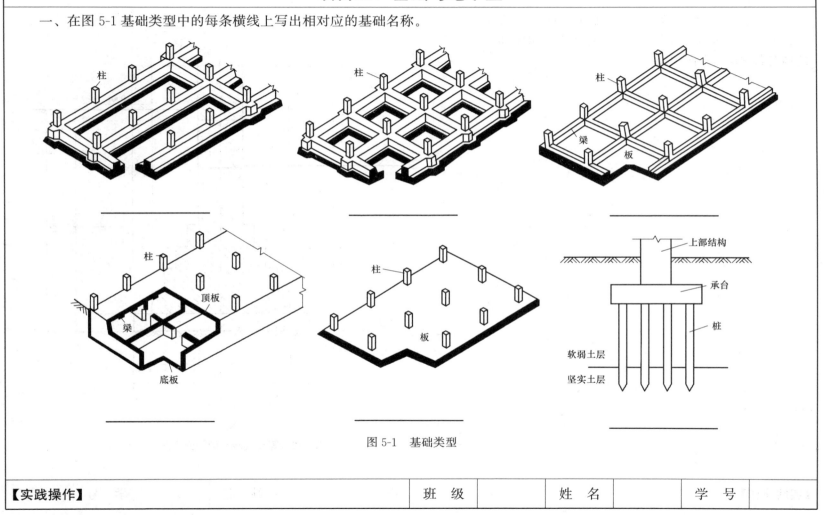

图 5-1　基础类型

项目五 基础与地下室

二、图 5-2 为等高式砖基础剖面详图，墙厚 240mm，垫层厚 100mm。试将相关尺寸及相应部位的构造名称填写在图中。

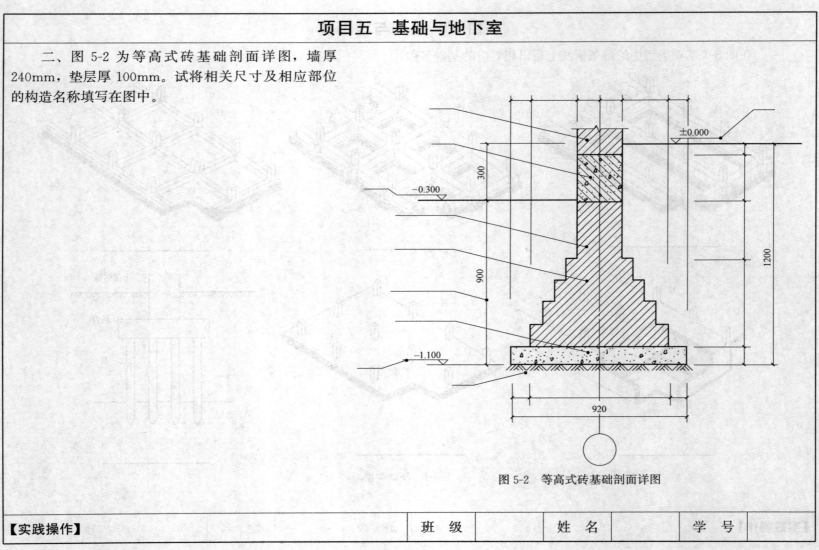

图 5-2 等高式砖基础剖面详图

项目五　基础与地下室

三、识读图5-3地下室复合防水构造详图，试填写图中地下室底板和墙身外防水的构造做法，并选用图幅抄绘，比例自定。

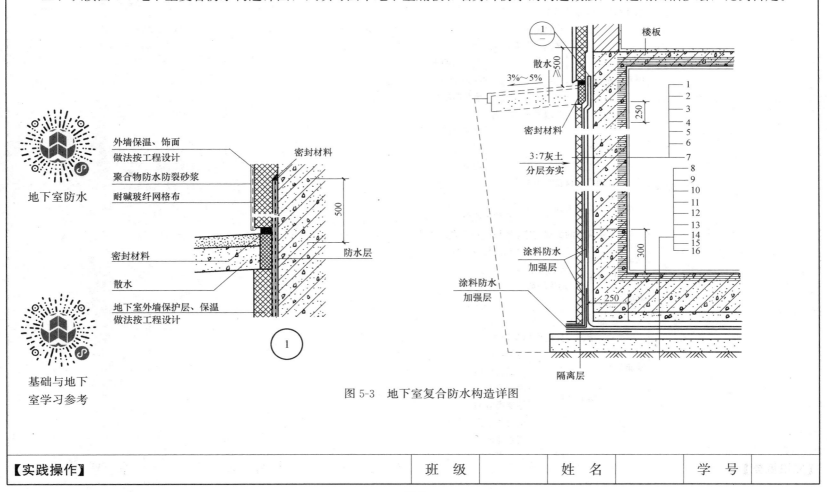

地下室防水

基础与地下室学习参考

图 5-3　地下室复合防水构造详图

【实践操作】　　　班　级　　　姓　名　　　学　号

107

项目六　墙　　体

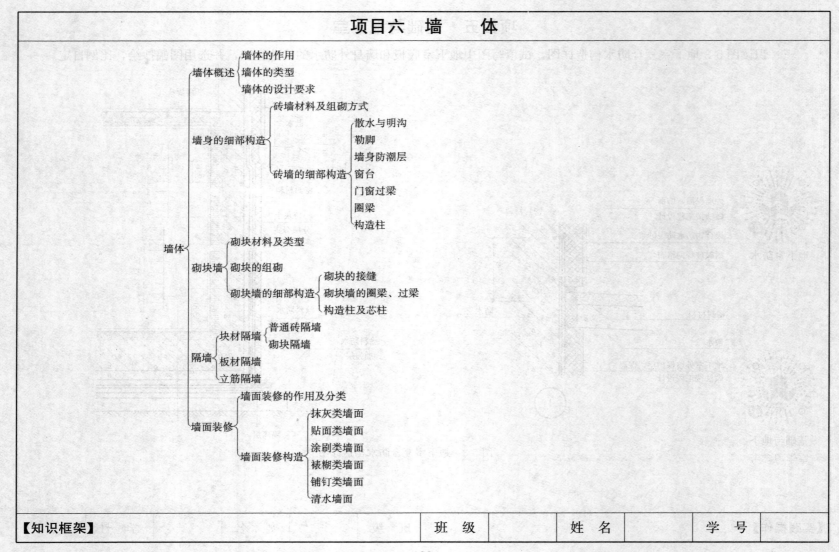

墙体
├─ 墙体概述
│　　├─ 墙体的作用
│　　├─ 墙体的类型
│　　└─ 墙体的设计要求
├─ 墙身的细部构造
│　　├─ 砖墙材料及组砌方式
│　　└─ 砖墙的细部构造
│　　　　├─ 散水与明沟
│　　　　├─ 勒脚
│　　　　├─ 墙身防潮层
│　　　　├─ 窗台
│　　　　├─ 门窗过梁
│　　　　├─ 圈梁
│　　　　└─ 构造柱
├─ 砌块墙
│　　├─ 砌块材料及类型
│　　├─ 砌块的组砌
│　　└─ 砌块墙的细部构造
│　　　　├─ 砌块的接缝
│　　　　├─ 砌块墙的圈梁、过梁
│　　　　└─ 构造柱及芯柱
├─ 隔墙
│　　├─ 块材隔墙
│　　│　　├─ 普通砖隔墙
│　　│　　└─ 砌块隔墙
│　　├─ 板材隔墙
│　　└─ 立筋隔墙
└─ 墙面装修
　　├─ 墙面装修的作用及分类
　　└─ 墙面装修构造
　　　　├─ 抹灰类墙面
　　　　├─ 贴面类墙面
　　　　├─ 涂刷类墙面
　　　　├─ 裱糊类墙面
　　　　├─ 铺钉类墙面
　　　　└─ 清水墙面

【知识框架】

班　级		姓　名		学　号	

项目六 墙 体

一、填空题

1. 墙体按受力情况分为承重墙和非承重墙，非承重墙又可分为_____、_____、_____等。

2. 为保证室内有适宜的温度，同时又可节能，建筑外墙应满足_____和_____要求。

3. 砌筑墙体的砂浆主要有_____、_____和_____，砌筑砂浆中，一般用于砌筑基础的是_____，用于砌筑主体的是_____。

4. 砖墙的组砌原则是：_____、_____、灰缝应_____、_____、_____，以保证墙体有足够的_____和_____。

5. 在房屋外墙接近地面部位特别设置的饰面保护构造措施称为_____，其高度一般为_____。

6. 过梁深入两端墙内不少于_____mm。

7. 墙体按照施工方式不同分为_____、_____、_____。

8. 构造柱的最小配筋为主筋_____，箍筋采用_____。

9. 散水是建筑最后施工的部分，与外墙留有_____mm宽的变形缝，并用_____填缝。

10. 墙面装修按材料和施工方式分为_____、_____、_____、裱糊类和铺钉类。

11. 当采用悬挑窗台时，窗台下部应做_____。

12. 构造柱下端应深入_____，上部应深入_____，以形成封闭的骨架。

13. 隔墙按材料和施工方式不同，分为_____、_____、_____。

14. 圈梁与构造柱均一般采用现浇钢筋混凝土材料，混凝土强度等级不低于_____。

二、单项选择题

1. 建筑物的外横墙，习惯上又称为（ ）。
   A. 山墙　　　B. 檐墙　　　C. 窗间墙　　　D. 窗下墙

2. 在墙体布置中，仅起到分隔房间作用，且其自身重量还由其他构件来承担的墙称为（ ）。
   A. 横墙　　　B. 隔墙　　　C. 纵墙　　　D. 承重墙

3. 框架结构中的墙体属于（ ）。
   A. 承重墙
   B. 非承重墙、填充墙
   C. 承重墙、填充墙
   D. 非承重墙

4. 墙体依结构受力情况不同可分为（ ）。
   A. 内墙、外墙
   B. 承重墙、非承重墙
   C. 实体墙、空体墙和复合墙
   D. 叠砌墙、板筑墙和装配式板材墙

【理论自测】

班 级		姓 名		学 号	

5. 横墙承重一般不用于（　　）。

A. 教学楼　　　　　　　　B. 住宅

C. 办公楼　　　　　　　　D. 宿舍

6. 在砌筑地下室、砖基础等砌体时，需要用的砂浆是（　　）。

A. 石灰砂浆　　　　　　　B. 混合砂浆

C. 水泥砂浆　　　　　　　D. 黏土砂浆

7. 下面关于水泥砂浆描述正确的是（　　）。

A. 水泥砂浆属于水硬性材料

B. 水泥砂浆的强度有 4 个等级

C. 水泥砂浆适合于地面以上的砌体

D. 水泥砂浆的和易性好、保水性好

8. 砖墙有多种砌筑方式，120mm 厚墙体的砌筑方式为（　　）。

A. 全顺式

B. 两平一侧式

C. 一顺一丁式

D. 多顺一丁式

9. 实心砖墙砌筑时上下错缝，内外搭接，不许出现垂直通缝，且错缝的距离不小于（　　）。

A. 50mm　　　　　　　　B. 60mm

C. 80mm　　　　　　　　D. 120mm

10. 散水的宽度宜为（　　）mm，坡度宜为（　　）。

A. 600～800，2％～3％　　B. 800～1000，1％～3％

C. 600～1000，3％～5％　　D. 800～1200，2％～5％

11. 防潮层顶面标高一般为（　　）。

A. 0.030m　　　　　　　B. －0.450m

C. －0.060m　　　　　　D. －0.070m

12. 如果基础墙设有钢筋混凝土（　　）时，可以不设防潮层。

A. 过梁　　　　　　　　　B. 构造柱

C. 地圈梁　　　　　　　　D. 挑梁

13. 悬挑式窗台下部抹有滴水槽，其作用为（　　）。

A. 避免出现渗水　　　　　B. 避免出现爬水

C. 排除冷凝水　　　　　　D. 美观

14. 悬挑式窗台做法通常出挑（　　）。

A. 50mm　　　　　　　　B. 60mm

C. 100mm　　　　　　　D. 120mm

15. 圈梁的截面宽度一般与墙厚相同，高度不小于（　　）。

A. 60mm　　　　　　　　B. 120mm

C. 240mm　　　　　　　D. 300mm

项目六 墙 体

16. 圈梁是连续封闭的梁，当圈梁被门窗洞口截断时应（   ）。

    A. 加大圈梁的截面   B. 增加圈梁的数量

    C. 搭接补强   D. 加构造柱

17. 下列（   ）不是墙体的加固做法。

    A. 当墙体长度超过一定限度时，在墙体局部位置增设壁柱

    B. 设置圈梁

    C. 设置钢筋混凝土构造柱

    D. 墙体适当位置用砌块砌筑

18. 钢筋混凝土过梁，梁端伸入支座的长度不少于（   ）。

    A. 180mm   B. 200mm

    C. 120mm   D. 250mm

19. 目前最为常用的过梁形式是（   ）。

    A. 钢筋混凝土过梁   B. 砖砌平拱过梁

    C. 钢筋砖过梁   D. 石材过梁

20. 对有较大振动荷载或可能产生不均匀沉降的房屋，洞口处应采用（   ）。

    A. 钢筋混凝土过梁

    B. 砖砌平拱过梁

    C. 钢筋砖过梁

    D. 砖砌弧拱过梁

21. 多层砖砌体构造柱最小截面尺寸为（   ）。

    A. 120mm×240mm   B. 180mm×240mm

    C. 240mm×240mm   D. 120mm×180mm

22. 下面关于裱糊类墙面描述错误的是（   ）。

    A. 墙面应平整、干燥

    B. 常用1:1的水泥砂浆做粘贴材料

    C. 常用于中高档装修

    D. 具有良好的装饰效果

23. 踢脚板是内墙与楼地面相交处的构造处理，其高度一般为（   ）。

    A. 50mm   B. 300mm

    C. 150mm   D. 200mm

24. 踢脚板向上延伸形成墙裙，其高度一般为（   ）。

    A. 500～1000mm   B. 1200～1500mm

    C. 1500～1800mm   D. 1200～1800mm

25. 下面关于1/2隔墙描述正确的是（   ）。

    A. 为保证1/2的整体刚度，1/2隔墙应用梅花式砌筑

    B. 1/2隔墙砌筑砂浆的强度等级应不低于M10

    C. 1/2隔墙与楼板相接处应用立砖斜砌，以加强墙和楼板之间的整体性

    D. 1/2隔墙与承重墙之间应沿着高度方向每500mm设2ϕ6钢筋拉结

【理论自测】	班 级		姓 名		学 号	

111

项目六 墙 体

三、判断题

1. 为保证构造柱和墙之间的整体性，施工时应先放钢筋骨架，再浇混凝土，最后砌墙体。 （ ）

2. 提高砌墙砖的强度等级是提高砖墙砌体的强度的主要途径。 （ ）

3. 1/2 砖隔墙与楼板相接处应以立砖斜砌或用木楔打紧。
（ ）

4. 板材隔墙是采用各种轻质材料制成的板材直接装配而成的隔墙。 （ ）

5. 复合墙是指由两种及以上材料组合而成的墙，复合墙体承重能力强，保温隔热效果好。 （ ）

6. 自承重墙就是隔墙。 （ ）

7. 与建筑物长轴方向垂直的墙体为横墙。 （ ）

8. 圈梁兼作过梁时，过梁部分的钢筋与圈梁一致。 （ ）

9. 圈梁的最小配筋为受力筋 4φ6，箍筋 φ4@350。 （ ）

10. 圈梁是均匀卧在墙上闭合的带状梁。 （ ）

11. 为加强构造柱与墙的连接，沿柱高每 500mm 设 2φ6 钢筋，每边深入墙内不少于 500m。 （ ）

12. 构造柱属于承重构件，同时对建筑物起到抗震加固作用。 （ ）

13. 砖砌体的强度一般为砖的强度与砂浆强度的平均值。
（ ）

14. 普通黏土砖的强度必定大于砖砌体的强度。 （ ）

15. 一般地，蒸压加气混凝土砌块搭接长度不应小于其长度的 $\frac{1}{3}$，混凝土小型空心砌块搭接长度不应小于 90mm。 （ ）

四、名词解释

1. 承重墙——

2. 填充墙——

3. 女儿墙——

项目六参考答案

【理论自测】	班 级		姓 名		学 号	

4. 散水——

5. 勒脚——

6. 清水墙——

五、简答题

1. 墙体的作用及设计要求是什么？

2. 墙体的承重方案有哪几种？其特点和适用情况是什么？

3. 墙身的防潮层常用构造做法有哪些？

项目六　墙　　体

4. 墙面装修的作用有哪些?

5. 墙面抹灰的分层和作用是什么?

6. 圈梁的作用和设置要求有哪些?

7. 构造柱的作用和设置要求有哪些?

【理论自测】		班　级		姓　名		学　号	

项目六 墙 体

一、按要求将图 6-1 墙脚构造详图补充完整。

1. 绘制出防潮层，并标出其位置标高和一种做法。

2. 标出散水的宽度尺寸和坡度值，标出混凝土散水的构造做法及填缝材料。

3. 注写一种勒脚的做法。

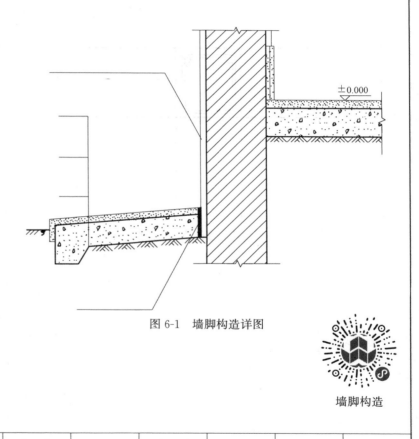

图 6-1 墙脚构造详图

墙脚构造

【实践操作】	班 级		姓 名		学 号	

项目六 墙 体

二、补绘图 6-2 构造柱与墙体之间的拉结构造。

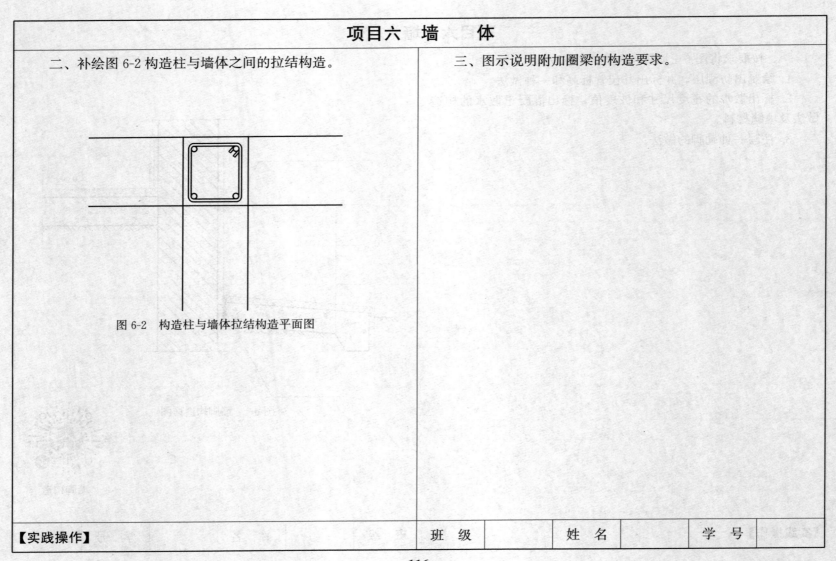

图 6-2 构造柱与墙体拉结构造平面图

三、图示说明附加圈梁的构造要求。

项目六　墙　　体

四、基层为砖墙的釉面砖内墙面装修构造做法是：15mm厚1：3水泥砂浆；4mm厚1：1水泥砂浆加水重20％建筑胶；5mm厚釉面砖，白水泥擦缝；刷素水泥浆一遍。请根据以上描述绘制出该墙面装修分层构造图。

五、基层为加气混凝土墙体涂料外墙面装修构造做法是：刷专用界面剂一遍；15mm厚专用抹灰砂浆，分两次抹灰；5mm厚聚合物水泥防水砂浆，中间压入一层耐碱玻璃纤维网布；喷（滚）刷底涂料一遍；喷（滚）刷面层涂料二遍。请根据以上描述绘制出该墙面装修分层构造图。

墙体学习参考

【实践操作】

班　级		姓　名		学　号	

项目六 墙 体

六、查阅相关图集，将图 6-3 带有地下室的填充加气混凝土砌体外墙墙脚构造详图补充完整：

1. 地下室侧墙防水层的保护层宜采用挤塑聚苯板，因其具有耐碰撞和保温双重功能，标出地下室外墙的构造做法；

2. 地面以上外墙墙体材料采用的是加气混凝土砌块，外墙贴面砖，标出外墙的构造做法；

3. 标出勒脚部位的构造处理方法及其高度；

4. 一层墙底部为了防水，做了混凝土坎台，写出混凝土坎台及构造要求；

5. 标出散水处缝隙的构造处理方法。

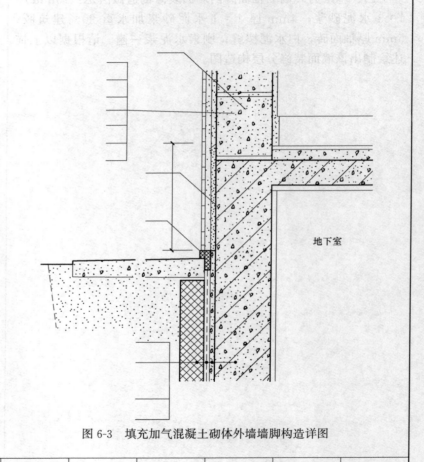

地下室

图 6-3 填充加气混凝土砌体外墙墙脚构造详图

项目六 墙 体

七、查阅相关图集，标出图 6-4 悬挑窗台构造详图有关尺寸、排水坡度和构造做法，并说明悬挑窗台的构造要点和适用情况。

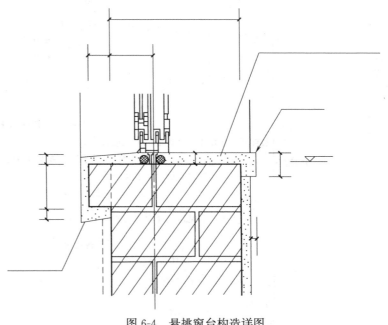

图 6-4 悬挑窗台构造详图

项目七 楼 地 层

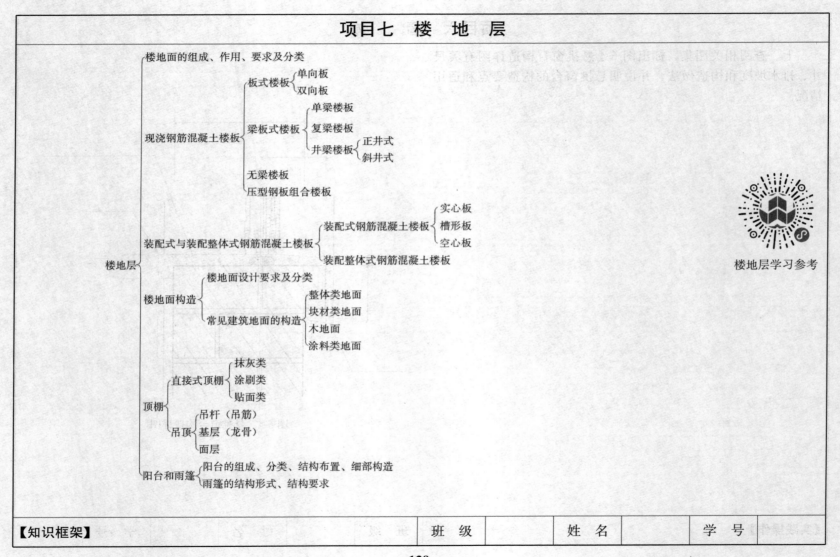

楼地层

- 楼地面的组成、作用、要求及分类
- 现浇钢筋混凝土楼板
  - 板式楼板
    - 单向板
    - 双向板
  - 梁板式楼板
    - 单梁楼板
    - 复梁楼板
    - 井梁楼板
      - 正井式
      - 斜井式
  - 无梁楼板
  - 压型钢板组合楼板
- 装配式与装配整体式钢筋混凝土楼板
  - 装配式钢筋混凝土楼板
    - 实心板
    - 槽形板
    - 空心板
  - 装配整体式钢筋混凝土楼板
- 楼地面构造
  - 楼地面设计要求及分类
  - 常见建筑地面的构造
    - 整体类地面
    - 块材类地面
    - 木地面
    - 涂料类地面
- 顶棚
  - 直接式顶棚
    - 抹灰类
    - 涂刷类
    - 贴面类
  - 吊顶
    - 吊杆（吊筋）
    - 基层（龙骨）
    - 面层
- 阳台和雨篷
  - 阳台的组成、分类、结构布置、细部构造
  - 雨篷的结构形式、结构要求

楼地层学习参考

【知识框架】

班 级		姓 名		学 号	

项目七 楼 地 层

一、填空题

1. 地面的基本构造组成有＿＿＿＿＿、＿＿＿＿＿和＿＿＿＿＿。

2. 楼地层的作用是＿＿＿＿＿＿＿＿＿＿＿＿＿＿＿＿＿＿＿。

3. 常用预制钢筋混凝土楼板的类型有＿＿＿＿＿、＿＿＿＿＿、＿＿＿＿＿等。

4. 现浇钢筋混凝土楼板有＿＿＿＿＿、＿＿＿＿＿等。普通教室可选用＿＿＿＿＿或＿＿＿＿＿，厨房或卫生间选用＿＿＿＿＿。

5. 用水房间的楼面构造层是由＿＿＿＿＿、＿＿＿＿＿、＿＿＿＿＿组成，而且用水房间楼面标高要比相邻房间或走廊低＿＿＿＿＿mm，目的是＿＿＿＿＿。

6. 现浇钢筋混凝土楼板的平面形状呈矩形且四面支承时，当长边 L 与短边 B 的比值不小于＿＿＿＿＿时，宜采用＿＿＿＿＿向板；当长边 L 与短边 B 的比值不大于＿＿＿＿＿时，应采用＿＿＿＿＿向板，这是因为＿＿＿＿＿。

7. 单梁式楼板传力路线是＿＿＿＿＿→＿＿＿＿＿→＿＿＿＿＿；复梁式楼板传力路线是＿＿＿＿＿→＿＿＿＿＿→＿＿＿＿＿→＿＿＿＿＿。

8. 在梁板结构中，板的经济跨度为＿＿＿＿＿m，板厚为板跨的＿＿＿＿＿；次梁的经济跨度为＿＿＿＿＿m，次梁的高为其跨度的＿＿＿＿＿；主梁的经济跨度为＿＿＿＿＿m，主梁的高为其跨度的＿＿＿＿＿。主梁和次梁的宽为其高度的＿＿＿＿＿。

9. ＿＿＿＿＿是地面的最下面的层次，土层较好时一般采用＿＿＿＿＿，土层较弱时需要进行＿＿＿＿＿。

10. 顶棚分为＿＿＿＿＿和＿＿＿＿＿两种。

11. 吊顶由＿＿＿＿＿、＿＿＿＿＿、＿＿＿＿＿组成。

12. 吊顶的龙骨材料有＿＿＿＿＿、＿＿＿＿＿和＿＿＿＿＿。设计无要求时按大龙骨的排列位置预埋钢筋吊杆，一般间距为＿＿＿＿＿mm，中小龙骨间距一般在＿＿＿＿＿mm 之间。

13. 常见的阳台的结构布置方式有＿＿＿＿＿、＿＿＿＿＿和＿＿＿＿＿三种。一般凹阳台用＿＿＿＿＿，凸阳台常用＿＿＿＿＿。

14. 对于阳台、外廊、室外楼梯等，当临空高度在 24.0m 以下时，栏杆高度不应低于＿＿＿＿＿m；当临空高度在 24.0m 及以上时，栏杆高度不应低于＿＿＿＿＿m。栏杆离地面＿＿＿＿＿m 高度范围内不宜留空。

15. 雨篷构造上需解决好的两个问题，一是＿＿＿＿＿，二是＿＿＿＿＿。雨篷外边缘下部必须制作＿＿＿＿＿，防止雨水越过污染篷底和墙面。

16. 雨篷板上表面应做防水处理，并上翻至墙面形成＿＿＿＿＿，高度不小于＿＿＿＿＿。

【理论自测】 | 班 级 | | 姓 名 | | 学 号 | |

项目七　楼　地　层

二、单项选择题

1. 楼板层通常由（　　）组成。
A. 面层、楼板、地坪
B. 面层、楼板、顶棚
C. 支撑、楼板、顶棚
D. 垫层、楼板、梁

2. 现浇钢筋混凝土复梁式楼板由（　　）现浇而成。
A. 混凝土、砂浆、钢筋
B. 柱、主梁、次梁
C. 板、次梁、主梁
D. 次梁、主梁、墙体

3. 无梁楼板的柱网多布置为正方形或矩形，柱距以（　　）左右较为经济。
A. 5m
B. 6m
C. 7m
D. 8m

4. 下列关于现浇钢筋混凝土楼板，不正确的是（　　）。
A. 现浇楼板整体性好，利于抗震，施工受季节影响较大
B. 板式楼板支承在柱上
C. 双向板配筋时，两个方向均是受力钢筋
D. 井式楼板是复梁楼板的一种特殊形式

5. 钢筋混凝土单向板的受力钢筋应在（　　）方向设置。
A. 短边
B. 长边
C. 双向
D. 任一方向

6. 地沟盖板常采用（　　）。
A. 实心板
B. 槽形板
C. 空心板
D. 板式楼板

7. 板在承重墙上应用水泥砂浆坐浆，厚度不小于（　　）。
A. 40mm
B. 60mm
C. 10mm
D. 30mm

8. 板在承重外墙上的支承长度不小于（　　）。
A. 120mm
B. 100mm
C. 50mm
D. 60mm

9. 直接支承在墙上的楼板是（　　）。
A. 井式楼板
B. 无梁楼板
C. 复梁式楼板
D. 板式楼板

10. 建筑物底层标高，宜高出室外地面（　　）mm。
A. 100
B. 120
C. 150
D. 200

11. 墙裙是（　　）向上延伸后形成的。
A. 墙脚
B. 踢脚
C. 地面
D. 勒脚

12. 顶棚按构造做法可分为（　　）。
A. 直接式顶棚和悬吊式顶棚
B. 抹灰类顶棚和贴面类顶棚
C. 抹灰类顶棚和悬吊式顶棚
D. 喷刷类顶棚和抹灰类顶棚

13. 对厕浴间、厨房等有水或有浸水可能的楼地面，防水层沿墙面处翻起高度不宜小于（　　）mm。
A. 150
B. 200
C. 250
D. 300

14. 厕所、浴室、盥洗室等有水房间，遇门洞口处可采取防水层向外水平延展措施，延展宽度不宜小于（　　）mm，向外两侧延展宽度不宜小于（　　）mm。
A. 500　500
B. 300　300
C. 200　300
D. 500　200

【理论自测】　　　班　级　　　　姓　名　　　　学　号

122

15. 现浇水磨石地面的分格尺寸不宜大于（　　）。
A. 1m×1m
B. 1.5m×1.5m
C. 2m×2m
D. 1.8m×1.8m

16. 阳台按使用要求的不同可分为（　　）。
A. 凹阳台、凸阳台
B. 生活阳台、服务阳台
C. 封闭阳台、开敞阳台
D. 转角阳台、中间阳台

17. 阳台是由（　　）组成。
A. 栏杆、栏板、扶手
B. 挑梁、阳台板、扶手
C. 栏杆扶手、承重结构
D. 栏板、扶手、挑板

18. 雨篷设置在建筑物外墙出入口的上方，其支承方式多为（　　）。
A. 板式
B. 悬挑式
C. 梁板式
D. 立柱式

19. 为避免雨水进入室内，阳台地面比室内地面低（　　）。
A. 20～30mm
B. 10～20mm
C. 30～50mm
D. 15～30mm

三、判断题
1. 钢筋混凝土楼板有现浇和预制两种形式。（　　）
2. 预制钢筋混凝土楼板具有整体性好、抗震性能好、防水性能好的特点。（　　）
3. 单梁式楼板就是板搁置在梁上，梁搁置在墙或柱的构造形式。（　　）
4. 现浇钢筋混凝土单向板是在板长方向布置受力钢筋。（　　）

5. 复梁式楼板是主梁支撑在次梁上，次梁支撑在墙（柱）上。（　　）
6. 无梁楼板板底平整，净高大，一般用于商店、仓库等活荷载较大的建筑。（　　）
7. 井式楼板是梁板式楼板的一种特殊情况，它适合于长宽比较大的房间。（　　）
8. 空心板是目前使用较多的一种预制板，为避免板端局部被压坏，空心板安装前板端应用混凝土填实。（　　）
9. 预制板和承重墙之间用水泥砂浆连接后已具有较好的整体性，不需再采用其他连接处理措施。（　　）
10. 预制板在梁上的支承长度不小于80mm。（　　）
11. 现浇水磨石地面在找平层上设置分格条主要是为了美观。（　　）
12. 在楼板板底下粘贴矿棉装饰板的顶棚不属于直接式顶棚。（　　）
13. 建筑阳台栏杆和栏板的高度不小于900mm。（　　）
14. 悬挑式雨篷的挑出长度不大于2000～2500mm。（　　）
15. 踢脚的高度为80～150mm。（　　）

项目七参考答案

项目七　楼　地　层

四、名称解释

1. 压型钢衬板组合楼板——

2. 阳台——

3. 雨篷——

4. 垫层——

5. 整体类地面——

五、简答题

1. 图示楼板层和地坪层的组成？

2. 现浇钢筋混凝土楼板的特点、类型和适用情况是什么？

3. 楼地面装修构造设计要求有哪些？

项目七 楼 地 层

4. 墙裙的作用有哪些？构造要求是什么？

6. 简述预制板安装要求？

5. 简述有水房间楼地面构造要求？

7. 调整预制板板缝的措施有哪些？

项目七 楼 地 层

一、标出图 7-1 水泥砂浆地面的构造做法详图，并标出踢脚高度。

二、写出图 7-2 大理石地面的构造做法。

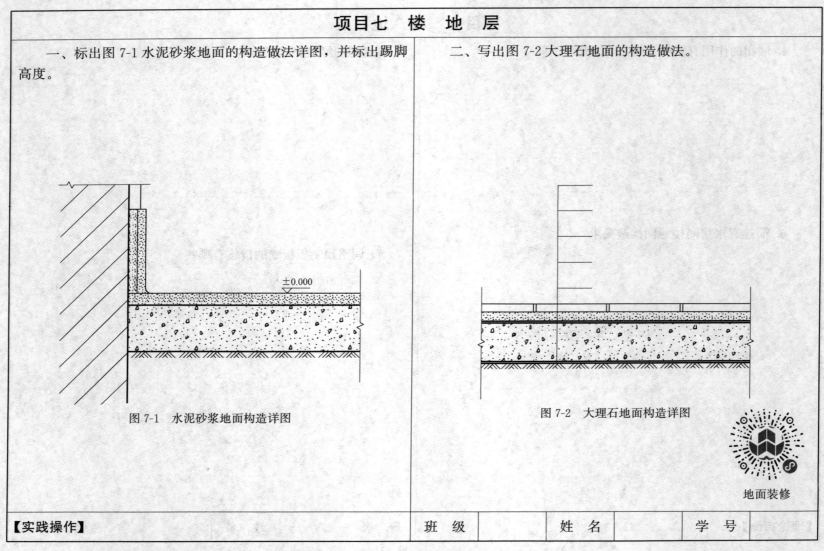

±0.000

图 7-1 水泥砂浆地面构造详图

图 7-2 大理石地面构造详图

地面装修

三、将图 7-3 现浇钢筋混凝土挑梁式阳台剖面图补充完整。

已知阳台楼地面构造做法由上至下为：

（1）20 厚 1：2 水泥砂浆抹平压光；

（2）1.5 厚复合防水涂料，周边上翻 300；

（3）最薄处 20 厚 1：3 水泥矿浆找坡 1％，坡向地漏；

（4）现浇钢筋混凝土阳台板（刷水泥砂浆一道）。

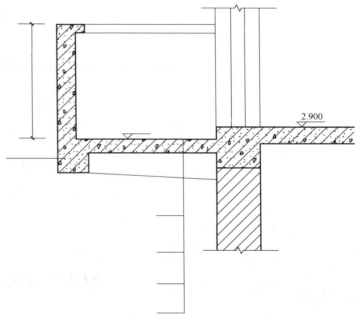

2.900

图 7-3　现浇钢筋混凝土挑梁式阳台剖面图

项目七 楼 地 层

四、绘制某教室楼板和走廊栏板的构造详图，并标注尺寸和构造名称做法，其中：楼板厚 100mm，走廊楼板比楼面低 15mm，墙厚 200mm，次梁截面 300mm×400mm，主梁高 600mm，栏板高 1100mm，教室层高 4.0m，位于第三层。

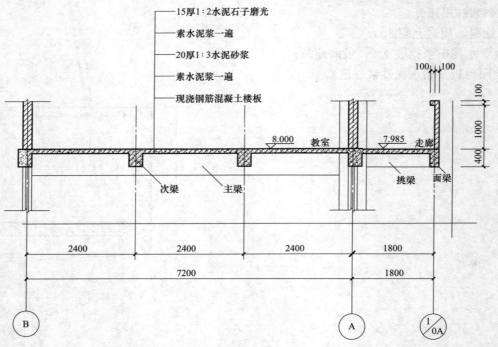

教室楼板和走廊栏板构造详图 1:50

项目八　楼　梯

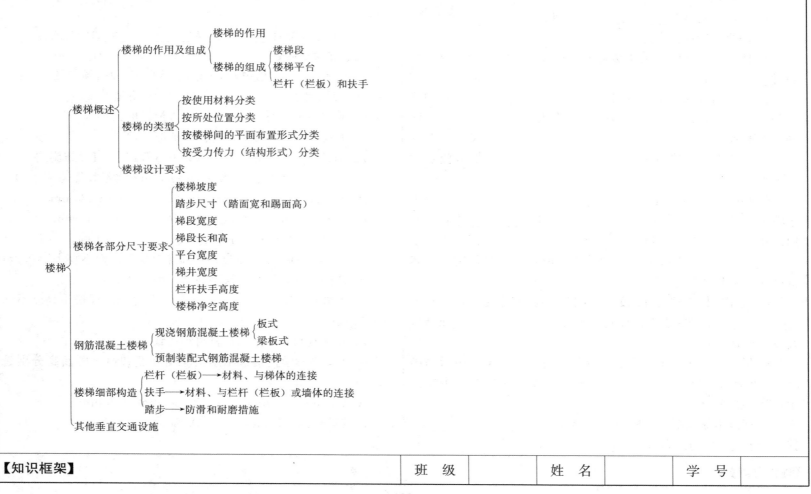

楼梯
- 楼梯概述
  - 楼梯的作用及组成
    - 楼梯的作用
    - 楼梯的组成
      - 楼梯段
      - 楼梯平台
      - 栏杆（栏板）和扶手
  - 楼梯的类型
    - 按使用材料分类
    - 按所处位置分类
    - 按楼梯间的平面布置形式分类
    - 按受力传力（结构形式）分类
  - 楼梯设计要求
- 楼梯各部分尺寸要求
  - 楼梯坡度
  - 踏步尺寸（踏面宽和踢面高）
  - 梯段宽度
  - 梯段长和高
  - 平台宽度
  - 梯井宽度
  - 栏杆扶手高度
  - 楼梯净空高度
- 钢筋混凝土楼梯
  - 现浇钢筋混凝土楼梯
    - 板式
    - 梁板式
  - 预制装配式钢筋混凝土楼梯
- 楼梯细部构造
  - 栏杆（栏板）——材料、与梯体的连接
  - 扶手——材料、与栏杆（栏板）或墙体的连接
  - 踏步——防滑和耐磨措施
- 其他垂直交通设施

【知识框架】　　　　班　级　　　　　姓　名　　　　　学　号

129

项目八 楼 梯

一、填空题

1. 楼梯一般由_____、_____和_____三部分组成。

2. 楼梯的适宜坡度为_____。

3. 楼梯每个梯段的踏步级数不应少于_____级，且不应超过_____级。

4. 当一侧有扶手时，梯段净宽应为_____的水平距离；当双侧有扶手时，梯段净宽应为_____间的水平距离。

5. 单股人流梯段宽不小于_____ mm，双股人流梯段宽不小于_____ mm。

6. 楼梯平台宽度指_____的水平距离。按位置不同分有_____平台和_____平台。转向的中间平台最小宽度不应小于_____，且不得小于_____ m。当有搬运大型物件需要时，应适量加宽。直跑楼梯的中间平台宽度不应小于_____ m。

7. 室内楼梯扶手高度自踏步前缘线量起不宜小于_____ m。楼梯水平栏杆或栏板长度大于_____ m时，其高度不应小于_____ m。

8. 托儿所、幼儿园、中小学校及其他少年儿童专用活动场所，当楼梯井净宽大于_____ m时，必须采取防止少年儿童坠落的措施。

9. 现浇钢筋混凝土楼梯的结构形式有_____和_____。其中梁板式楼梯的传力方式是_____。

10. 电梯由_____、_____、_____和_____四部分组成。

11. 室外台阶由_____和_____两部分组成。

二、单项选择题

1. 楼梯的坡度设置应根据一定条件来确定，不正确的是（　　）。

A. 使用要求　　　　　　　B. 行走的舒适性

C. 建筑物的高低　　　　　D. 人流量的大小

2. 下列（　　）楼梯不宜作为疏散楼梯。

A. 直跑　　B. 剪刀式　　C. 平行双跑　　D. 螺旋式

3. 楼梯踏步的踏面宽 b 及踢面高 h，可参考经验公式（　　）。

A. $b+2h=560\sim630mm$　　B. $2b+h=560\sim630mm$

C. $b+2h=580\sim600mm$　　D. $2b+h=580\sim600mm$

4. 下列关于楼梯扶手的叙述中，（　　）不正确。

A. 室内楼梯扶手高度自踏步前缘至扶手顶面不宜小于 0.9m

B. 楼梯平台处的水平扶手高度不小于 1m

C. 室外楼梯临空高度在 24m 及以下时，栏杆扶手高度不应低于 1.1m

D. 扶手材料不一定与栏杆材料一致

5. 大、中学学校楼梯踏步最小踏面宽和最大踢面高分别是（　　）。

A. 280mm，165mm　　　　B. 260mm，175mm

C. 280mm，175mm　　　　D. 260mm，165mm

【理论自测】

班 级		姓 名		学 号	

130

6. 为了不增加楼梯段长度，扩大踏面宽度，常用的方法是（　　）。

　A. 加大层高　　　　　　　　B. 加大梯段宽度

　C. 在踏步边缘突出 20mm　　D. 减小梯井宽度

7. 在住宅及公共建筑中，楼梯形式应用最广的是（　　）。

　A. 直跑楼梯　　　　　　　　B. 双跑平行楼梯

　C. 双跑直角楼梯　　　　　　D. 弧形楼梯

8. 在楼梯组成中起到供行人间歇和转向作用的是（　　）。

　A. 楼梯段　　　　　　　　　B. 中间平台

　C. 楼层平台　　　　　　　　D. 栏杆扶手

9. 住宅、托儿所、幼儿园、中小学及其他少年儿童专用活动场所的栏杆必须采取防止攀爬的构造。当采用垂直杆件做栏杆时，其杆件净间距不应大于（　　）m。

　A. 0.10　　　　　　　　　　B. 0.11

　C. 0.12　　　　　　　　　　D. 0.13

10. 公共建筑室内外台阶踏步宽度不宜小于（　　）m，踏步高度不宜大于（　　）m，且不宜小于（　　）m。

　A. 0.30，0.15，0.10　　　　B. 0.10，0.30，0.15

　C. 0.30，0.10，0.15　　　　D. 0.15，0.30，0.10

11. 室内台阶踏步数不宜少于（　　）级，台阶总高度超过（　　）m 时，应在临空面采取防护设施。

　A. 2，0.5　　　　　　　　　B. 3，0.6

　C. 2，0.7　　　　　　　　　D. 3，0.8

12. 室内坡道坡度不宜大于（　　），室外坡道坡度不宜大于（　　）。

　A. 1:8，1:10　　　　　　　　B. 1:10，1:12

　C. 1:8，1:12　　　　　　　　D. 1:10，1:8

13. 有关电梯设置，下列说法不正确的是（　　）。

　A. 高层公共建筑和高层宿舍建筑的电梯台数不宜少于 2 台

　B. 电梯机房应有隔热、通风、防尘等措施，宜有自然采光

　C. 电梯井道和机房要有隔振、隔声措施

　D. 电梯可以作为安全出口

三、判断题

1. 高层建筑中，楼梯的主要作用是在紧急情况时逃生。（　　）

2. 楼梯平台也是承重构件。（　　）

3. 某屋顶不上人的 6 层住宅楼，其楼梯段层数也是 6 层。（　　）

4. 楼梯梯段长＝踏步数×踏面宽。（　　）

5. 楼梯梯段高＝踏步数×踢面高。（　　）

6. 三跑楼梯和螺旋楼梯都可作为建筑物的疏散楼梯。（　　）

7. 板式楼梯梯段的受力筋沿其长度方向配置。（　　）

8. 中型装配式楼梯由梯段和平台板组成。（　　）

9. 小型装配式楼梯有墙承式和悬挑式两种。（　　）

10. 当室内外地面有高差时，必须设置台阶。（　　）

项目八
参考答案

【理论自测】

| 班　级 | | 姓　名 | | 学　号 | |

131

项目八 楼 梯

四、名词解释

1. 楼梯坡度——

2. 栏杆扶手高度——

3. 梯井——

4. 封闭楼梯间——

5. 防烟楼梯间——

6. 台阶——

7. 坡道——

8. 无障碍设计——

项目八　楼　梯

五、简答题

1. 建筑的垂直交通设施有哪些?

2. 简述楼梯的组成及各部分的作用和设计要求?

3. 简述建筑为什么常用平行双跑楼梯?

4. 简述室外台阶的构造设计要求?

项目八 楼 梯

一、分别说出图 8-1 楼梯平面示意图中各字母的含义。

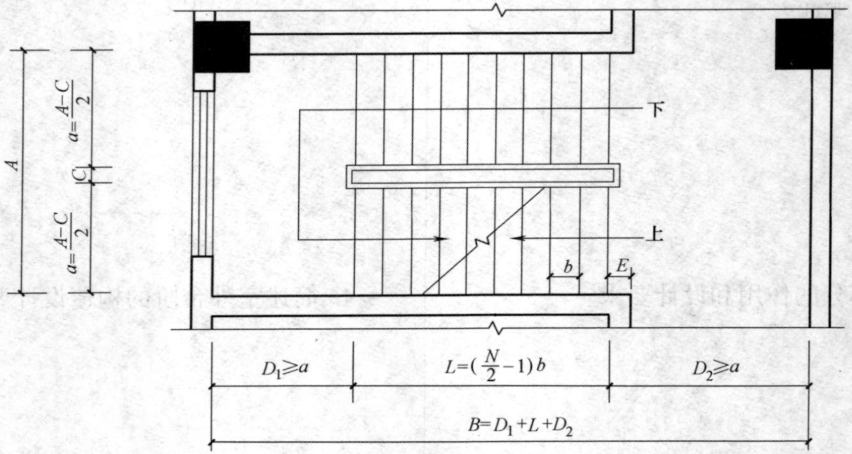

图 8-1 楼梯平面示意图

A 表示＿＿＿＿＿＿＿＿＿；B 表示＿＿＿＿＿＿＿＿＿；C 表示＿＿＿＿＿＿＿＿＿＿＿；L 表示＿＿＿＿＿＿＿＿＿＿＿；
D_1 表示＿＿＿＿＿＿＿＿＿；D_2 表示＿＿＿＿＿＿＿＿＿；a 表示＿＿＿＿＿＿＿＿＿＿＿；b 表示＿＿＿＿＿＿＿＿＿＿＿；
N 表示＿＿＿＿＿＿＿＿＿；E 表示＿＿＿＿＿＿＿＿＿＿＿，一般要求不小于＿＿＿＿＿＿ mm。

【实践操作】		班 级		姓 名		学 号	

项目八　楼　　梯

二、识读图 8-2 梯段净高示意图，回答问题。

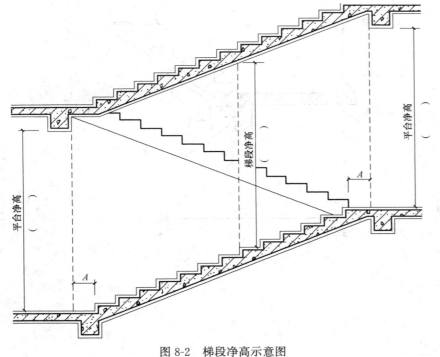

图 8-2　梯段净高示意图

1. 什么是梯段净高？其具体要求请在图中括号内注写出来。

净空高度要求

2. 图中"A"表示何意？

3. 当平台过道处净高度不能满足要求时，可采取什么措施？

【实践操作】	班　级		姓　名		学　号	

135

三、指出图 8-3 中两种楼梯的结构形式并在引出线上标出其构件名称，说明两种类型的楼梯特点及在工程上的应用。

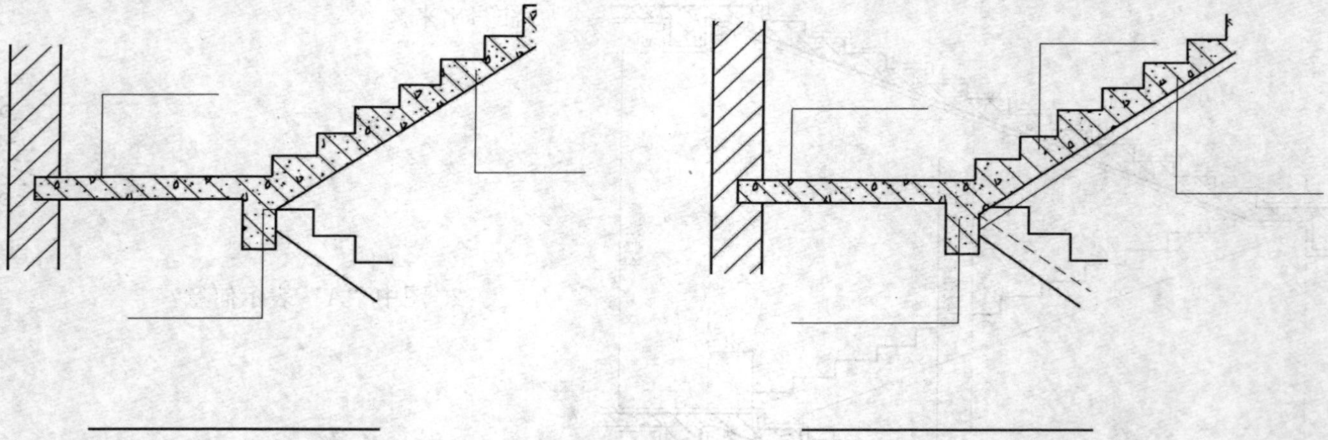

图 8-3　楼梯结构形式

项目八　楼　梯

四、识读楼梯节点详图，并抄绘（图幅比例自定）。

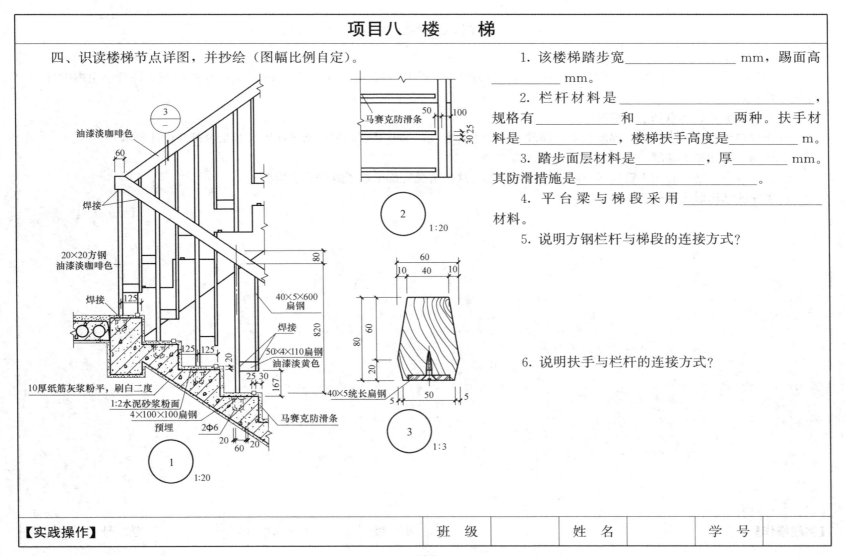

1. 该楼梯踏步宽_____ mm，踢面高_____ mm。

2. 栏杆材料是_____，规格有_____和_____两种。扶手材料是_____，楼梯扶手高度是_____ m。

3. 踏步面层材料是_____，厚_____ mm。其防滑措施是_____。

4. 平台梁与梯段采用_____材料。

5. 说明方钢栏杆与梯段的连接方式？

6. 说明扶手与栏杆的连接方式？

项目八 楼 梯

五、楼梯调研报告

　　在校内及周边建筑中找出不同形式的楼梯，拍下相关照片，以 PPT 形式写出楼梯调研报告，按小组提交，注意小组内的分工，其内容可包括：

　　1. 楼梯的形式、特点和适用情况。

　　2. 楼梯踏步尺寸、步级数、梯段长度、梯段宽度、平台宽度、梯井宽度、平台梁截面等尺寸是否符合设计要求。

　　3. 楼梯栏杆和扶手高度、材料、连接方法。

　　4. 楼梯净空高度，有无不符合净空高度的情况，若有这种情况，都采取了哪些相应措施。

　　5. 楼梯的结构形式及荷载传递情况。

<table>
<tr><td>【实践操作】</td><td>班 级</td><td></td><td>姓 名</td><td></td><td>学 号</td><td></td></tr>
</table>

项目九　屋　顶

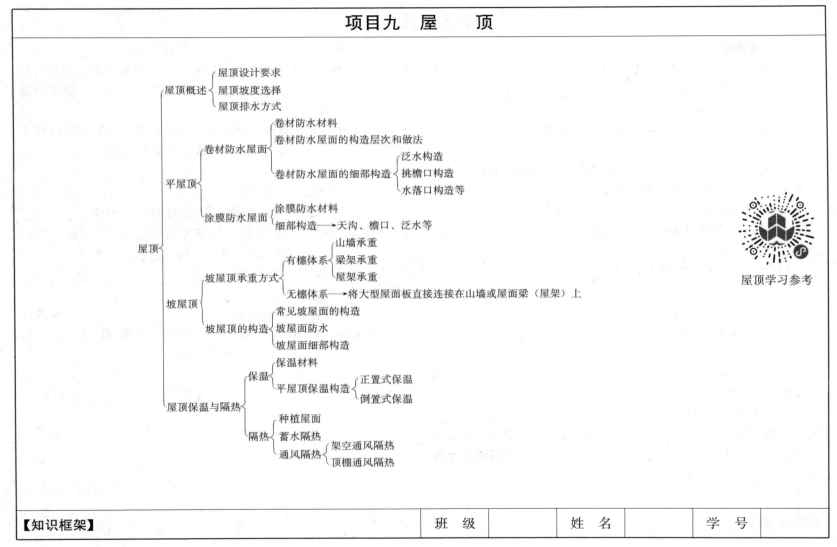

屋顶学习参考

```
屋顶 ─┬─ 屋顶概述 ─┬─ 屋顶设计要求
      │            ├─ 屋顶坡度选择
      │            └─ 屋顶排水方式
      │
      ├─ 平屋顶 ─┬─ 卷材防水屋面 ─┬─ 卷材防水材料
      │          │                ├─ 卷材防水屋面的构造层次和做法
      │          │                └─ 卷材防水屋面的细部构造 ─┬─ 泛水构造
      │          │                                            ├─ 挑檐口构造
      │          │                                            └─ 水落口构造等
      │          │
      │          └─ 涂膜防水屋面 ─┬─ 涂膜防水材料
      │                           └─ 细部构造 ──→ 天沟、檐口、泛水等
      │
      ├─ 坡屋顶 ─┬─ 坡屋顶承重方式 ─┬─ 有檩体系 ─┬─ 山墙承重
      │          │                  │            ├─ 梁架承重
      │          │                  │            └─ 屋架承重
      │          │                  └─ 无檩体系 ──→ 将大型屋面板直接连接在山墙或屋面梁（屋架）上
      │          │
      │          └─ 坡屋顶的构造 ─┬─ 常见坡屋面的构造
      │                           ├─ 坡屋面防水
      │                           └─ 坡屋面细部构造
      │
      └─ 屋顶保温与隔热 ─┬─ 保温 ─┬─ 保温材料
                         │        └─ 平屋顶保温构造 ─┬─ 正置式保温
                         │                            └─ 倒置式保温
                         │
                         └─ 隔热 ─┬─ 种植屋面
                                  ├─ 蓄水隔热
                                  └─ 通风隔热 ─┬─ 架空通风隔热
                                               └─ 顶棚通风隔热
```

【知识框架】

班　级		姓　名		学　号	

项目九　屋　顶

一、填空题

1. 建筑屋顶的主要作用是 _____、_____、_____。屋顶一般由 _____、_____、_____ 和 _____ 四部分组成。

2. 屋顶的外观形式多种多样，基本上分为 _____、_____、_____ 三大类。

3. 屋面防水等级分 _____ 级，其中重要的建筑和高层建筑防水等级是 _____ 级，其设防要求是 _____。

4. 平屋顶的坡度一般为 _____，常用 _____。

5. 形成屋面坡度的做法一般有 _____ 和 _____ 两种。

6. 屋顶排水方式有两种，即 _____ 和 _____。有组织外排水包括 _____、_____、_____ 三种方式。

7. 平屋顶常用的檐口形式有 _____、_____、_____ 等。

8. 屋面采用结构找坡时坡度不应小于 _____，采用材料找坡时坡度宜为 _____。

9. 平屋面上的找平层常用材料有 _____。为防止找平层变形开裂而使卷材防水层破坏，保温层上的找平层应留设 _____，缝宽宜为 _____ mm，纵横缝的间距不宜大于 _____ m。

10. 找坡层适用于 _____，坡度宜为 _____。通常做法是在结构层上采用质量轻、吸水率低、具有一定强度的材料找坡，如 _____、_____、_____ 等。找坡层最薄处厚度不宜小于 _____ mm。

11. 为避免积水淹没卷材收头，卷材在泛水处的粘贴高度不小于 _____ mm，且卷材端部在泛水处应做好 _____ 处理。

12. 卷材的施工方法有 _____ 法、_____ 法、_____ 法。立面或大坡面铺贴卷材时，应采用 _____ 法，并宜减少卷材短边搭接。粘贴方式有 _____ 法、热粘法、_____ 法、自粘法、焊接法和 _____ 法。

13. 隔离层的设置目的为 _____，常用材料有 _____。

14. 涂膜防水施工应先做好 _____，再进行大面积涂布，涂布施工根据品种的不同可用 _____、_____、_____ 和刮涂等方法。

15. 隔汽层的作用是 _____，其设置位置是 _____，可采用 _____ 材料。

16. 女儿墙的高度不宜太高，如果超过_____ mm，考虑抗震应做锚固处理，做法是设置_____；女儿墙压顶常用_____材料。

17. 平屋顶的隔热可通过多种途径，如_____、_____、_____等，江南及炎热地区可根据需要和条件选用。

18. 坡屋顶的承重体系分为_____和_____两种，有檩体系是指将各种小型屋面板（或瓦型材）直接放在檩条上，由檩条支撑位置的不同又分为_____、_____和_____三种承重体系。

二、单项选择题

1. 平屋顶的排水坡度一般不超过 5%，最常用的坡度为（　　）。
　A. 2%～3%　B. 1%～3%　C. 4%　D. 5%

2. 屋面设计最核心的要求是（　　）。
　A. 美观　　　　　　　　B. 承重
　C. 防水　　　　　　　　D. 保温、隔热

3. 卷材防水屋面的基本构造层次主要包括（　　）。
　A. 结构层、找坡层、找平层、防水层、保护层
　B. 结构层、保温层、结合层、防水层、保护层
　C. 结构层、找坡层、保温层、防水层、保护层
　D. 结构层、找平层、防水层、隔热层

4. 下列（　　）材料不宜用于屋顶保温层。
　A. 混凝土　　　　　　　B. 水泥蛭石
　C. 聚苯乙烯泡沫塑料　　D. 水泥膨胀珍珠岩

5. 对于保温层面，通常在保温层下设置（　　），以防止室内水蒸气进入保温层内。
　A. 找平层　B. 保护层　C. 隔汽层　D. 隔离层

6. 屋顶的材料找坡是指（　　）来形成。
　A. 利用预制板的搁置　　B. 利用结构层
　C. 利用卷材的厚度　　　D. 选用轻质材料找坡

7. 用于铺贴卷材的找平层应做分格处理，纵横分格缝的间距一般为（　　）。
　A. 8m　　　　B. 5m　　　　C. 6m　　　　D. 8m

8. 女儿墙泛水处的防水层泛水高度不应小于（　　）。
　A. 150mm　　B. 200mm　　C. 250mm　　D. 300mm

9. 以下有关泛水说法错误的是（　　）。
　A. 泛水高度一般不应小于200mm
　B. 泛水需做附加层
　C. 找平层在泛水处应做成圆弧形
　D. 泛水的收头处应固定

10. 屋面的细部构造不包括（　　）。
　A. 檐沟　　　B. 泛水　　　C. 检修口　　D. 水落管

项目九 屋 顶

11. 屋面铺贴防水卷材应采用搭接连接，下列各项中不正确的有（　　）。

　　A. 上下卷材的搭接缝应对正

　　B. 相邻两幅卷材的搭接缝应错开

　　C. 搭接宽度应符合规定

　　D. 平行于屋脊的搭接应顺水流方向搭接

12. 卷材平屋面的檐沟和天沟的防水层下应增设附加层，附加层伸入屋面的宽度不应小于（　　）。

　　A. 150mm　　B. 200mm　　C. 250mm　　D. 300mm

13. 下列哪种建筑的屋面应采用有组织排水方式（　　）。

　　A. 高度较低的简单建筑　　　　B. 积灰多的屋面

　　C. 有腐蚀介质的屋面　　　　　D. 降雨量较大地区的屋面

14. 钢筋混凝土檐沟、天沟净宽不应小于（　　）mm，沟内纵向坡度不应小于（　　）。

　　A. 300，1%　　　　　　　　B. 250，0.5%

　　C. 200，1%　　　　　　　　D. 100，0.5%

15. 屋顶的坡度形成不可以利用下面（　　）的方法。

　　A. 屋架　　B. 屋面大梁　　C. 找坡层　　D. 屋面板

16. 隔汽层应沿周边墙向上连续铺设，高出保温层上面不得小于（　　）mm。

　　A. 100　　　　B. 150　　　　C. 200　　　　D. 250

三、判断题

1. 屋顶只是建筑物的围护构件。（　　）

2. 屋顶按外形可分为平屋顶和坡屋顶。（　　）

3. 保温层在防水层之上的屋面称为正铺法（正置式）保温屋面。（　　）

4. 现浇钢筋混凝土坡屋面常用的瓦材有块瓦、油毡瓦及钢板彩瓦等。（　　）

5. 屋面设置保护层的目的是保护防水层和保温层。（　　）

6. 涂膜防水多用于防水等级较低的建筑中，防水涂膜层厚度应在1mm以上。（　　）

7. 无组织排水构造简单，造价低，不易漏水和阻塞，所以广泛用于各类建筑中。（　　）

8. 倒铺法保温屋面可以用水泥膨胀珍珠岩做保温层。（　　）

9. 不上人屋面需设置检修口，以方便维修。（　　）

10. 水落口是用来将屋面雨水排至水落管而在檐口处或檐沟内开设的洞口。

项目九参考答案

【理论自测】

班 级		姓 名		学 号	

项目九　屋　顶

四、名称解释

1. 有组织排水——

2. 无组织排水——

3. 复合防水层——

4. 附加层——

5. 防水垫层——

6. 正置式保温屋面——

7. 悬山——

8. 硬山——

项目九 屋 顶

五、简答题

1. 屋顶的作用和设计要求有哪些？

2. 卷材防水屋面的特点和适用情况是什么？

3. 涂膜防水屋面的含义、特点和适用情况是什么？

4. 屋面细部构造包括哪些内容？

5. 有组织排水屋顶的排水配件包括哪些？

6. 什么是倒置式保温屋面？其构造要求是什么？

项目九 屋 顶

一、补全图9-1卷材防水屋面檐口构造详图。

图 9-1 卷材防水屋面檐口构造详图

二、补全图9-2卷材（涂膜）防水屋面挑檐沟构造图。

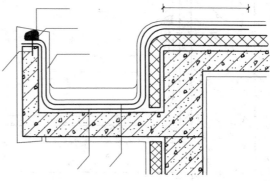

图 9-2 卷材（涂膜）防水屋面挑檐沟构造详图

【实践操作】	班 级		姓 名		学 号	

三、补全图 9-3 高女儿墙泛水构造详图。

四、补全图 9-4 混凝土瓦屋面檐沟构造图。

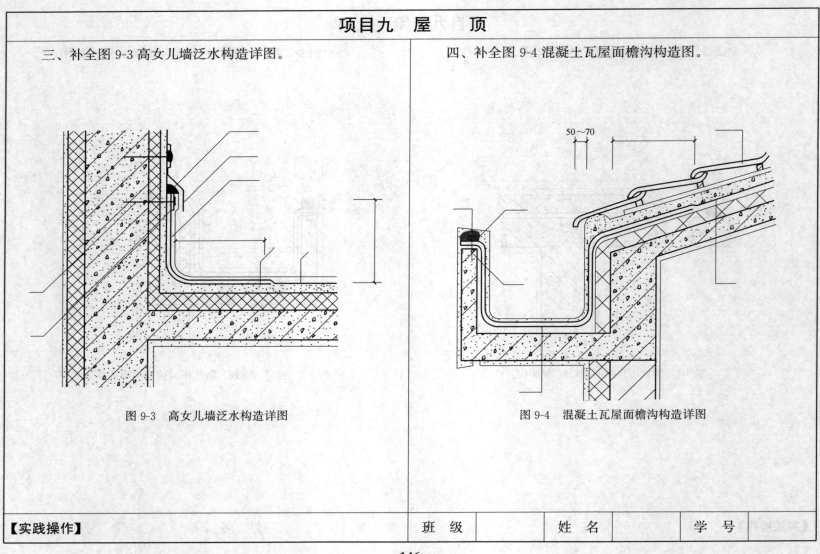

图 9-3　高女儿墙泛水构造详图

图 9-4　混凝土瓦屋面檐沟构造详图

【实践操作】		班　级		姓　名		学　号	

五、根据所给条件，绘制正置式保温卷材防水上人屋面构造详图。

已知条件如下：

（1）保护层：30mm 厚 250mm×250mm，C20 细石混凝土预制板，缝宽 10mm，1：2 水泥砂浆勾缝。

（2）结合层：铺 25mm 厚中砂。

（3）隔离层：0.4mm 厚聚乙烯薄膜。

（4）防水层：4mm 厚 APP 改性沥青卷材。

（5）找平层：20mm 厚 1：2.5 水泥砂浆。

（6）保温层：90mm 厚挤塑板。

（7）找坡层：30mm 厚（最薄处）LC5.0 轻骨料混凝土 2‰ 找坡抹平。

（8）结构层：100mm 厚现浇钢筋混凝土屋面板，表面清扫干净。

卷材防水屋面

【实践操作】		班　级		姓　名		学　号	

六、抄绘图 9-5 平屋面女儿墙檐口构造详图，图幅比例自定。

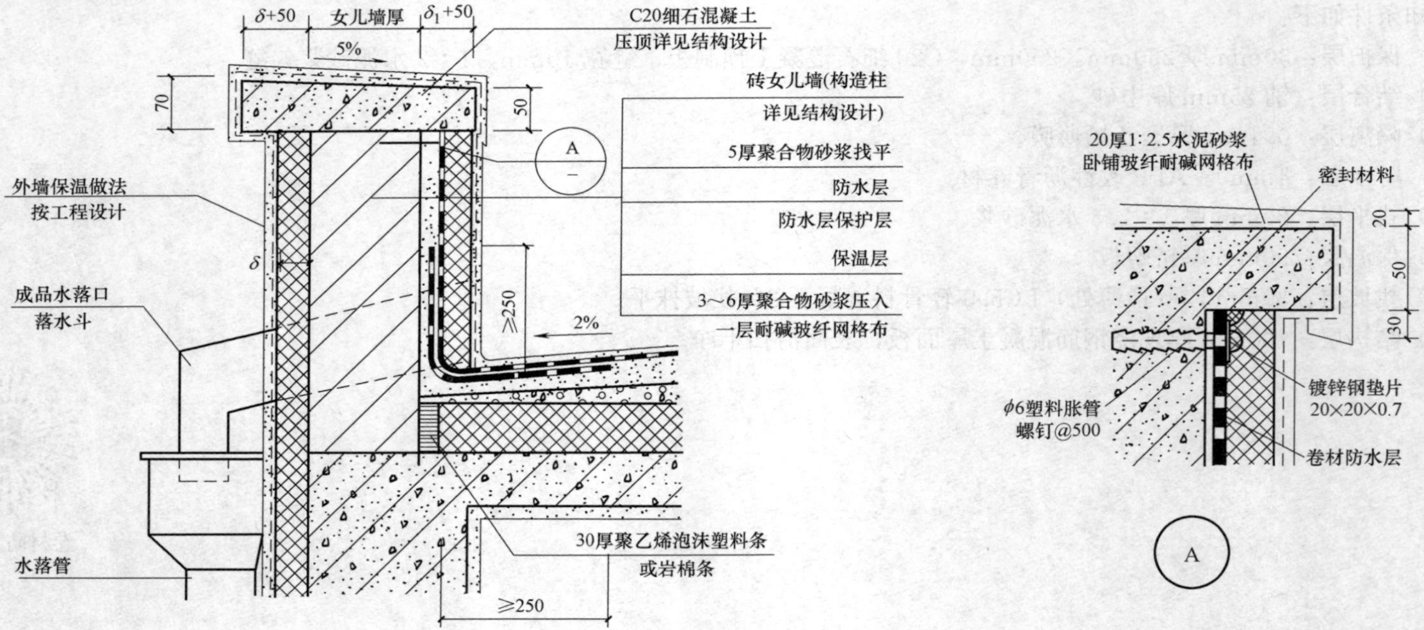

图 9-5 平屋面女儿墙檐口构造详图

注：δ、δ_1 均为保温层厚度、由热工计算确定、绘图时可取 60mm。

| [实践操作] | | 班 级 | | 姓 名 | | 学 号 | |

项目十 门 窗

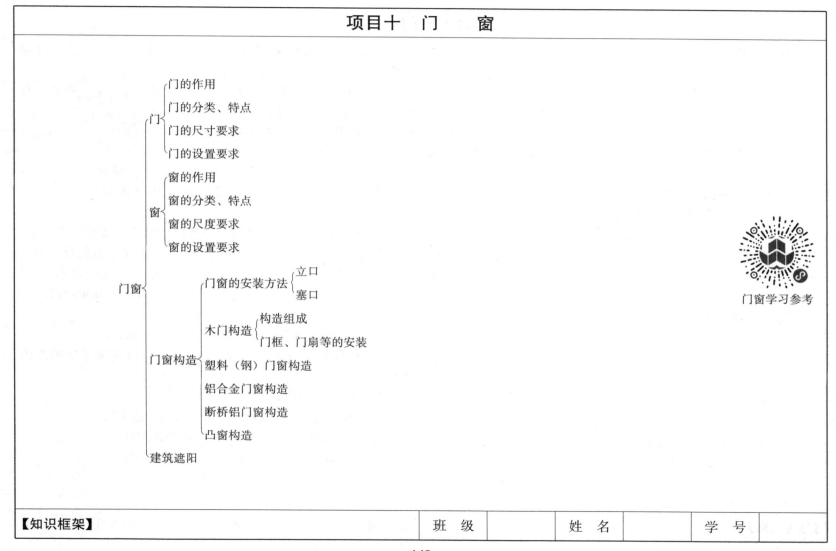

门窗

门
- 门的作用
- 门的分类、特点
- 门的尺寸要求
- 门的设置要求

窗
- 窗的作用
- 窗的分类、特点
- 窗的尺度要求
- 窗的设置要求

门窗构造
- 门窗的安装方法
  - 立口
  - 塞口
- 木门构造
  - 构造组成
  - 门框、门扇等的安装
- 塑料（钢）门窗构造
- 铝合金门窗构造
- 断桥铝门窗构造
- 凸窗构造

建筑遮阳

门窗学习参考

【知识框架】

班 级		姓 名		学 号	

项目十　门　　窗

一、填空题

1. 木门一般是由 _____、_____、_____、_____ 等部分组成。

2. 窗一般由 _____、_____、_____ 三部分组成。

3. 门的尺寸是按人们的 _____、_____ 和 _____ 的尺寸制定的。

4. 门洞上方的窗一般叫作 _____。

5. 门的五金零件一般是由 _____、_____、_____ 等组成。

6. 镶板门由 _____ 和 _____ 组成。镶板门门芯板厚度一般为 _____ mm。夹板门门扇是由 _____ 和 _____ 组成的。

7. 门按用途可分为 _____、_____、_____、_____、风雨门。

8. 门按构造分为 _____、_____、_____、_____ 等。

9. 窗按用途分为 _____、_____、_____、_____ 等。

10. 窗按构造分为 _____、_____、_____、_____ 等。

11. 门窗按材料可分为 _____ 门窗、_____ 门窗 _____ 门窗 _____ 门窗等。

12. 门窗框的安装方法有 _____ 和 _____ 两种。目前最为常用的安装方法是 _____。

13. 门窗框与墙洞口的位置有 _____、_____、_____ 三种。

14. 凸窗也叫 _____，凸出的尺寸一般为 _____，凸出部分用钢筋混凝土挑板挑出，可以做成 _____、_____ 等形式。

15. 塑钢门窗框与洞口均采用塞口法安装，其安装方法是：与混凝土墙可采用 _____ 或 _____ 固定，若混凝土墙上设有预埋铁件的，可采用 _____ 固定；与砖墙可采用 _____ 固定；与轻质砌块或加气混凝土墙可先在预埋混凝土块上用 _____ 或 _____ 固定。

16. 塑钢门窗框与扇之间多用 _____ 密封。

17. 推拉塑钢窗下框应设 _____，以排除下框槽内的积水。

二、单项选择题

1. 门窗是房屋的重要组成部分，均属于建筑的（　　）。
A. 围护结构　　　　　　　　B. 围护配件
C. 承重结构　　　　　　　　D. 承重构件

项目十　门　窗

2. 以下说法中正确的是（　　）。

A. 推拉门是建筑中最常见、使用最广泛的门

B. 转门可向两个方向旋转，故可作为疏散门

C. 平开门是建筑中最常见、使用最广泛的门

D. 转门可作为寒冷地区公共建筑的外门，也可作为疏散门

3. 只可采光不可通风的窗是（　　）。

A. 固定窗　　　B. 悬窗　　　C. 立转窗　　　D. 百叶窗

4. （　　）的功能是避光通风。

A. 固定窗　　　B. 悬窗　　　C. 立转窗　　　D. 百叶窗

5. 下列门中不宜用于幼儿园的门是（　　）。

A. 平开门　　　B. 折叠门　　　C. 推拉门　　　D. 弹簧门

6. 门窗尺寸通常是指（　　）的宽度和高度尺寸。

A. 门窗框　　　　　　　　　B. 门窗扇

C. 门窗洞口　　　　　　　　D. 视情况而定

7. 下列（　　）不宜作为门洞口宽度尺寸。

A. 600mm　　　B. 700mm　　　C. 800mm　　　D. 900mm

8. 下列（　　）不宜作为窗洞口宽度尺寸。

A. 600mm　　　　　　　　B. 850mm

C. 900mm　　　　　　　　D. 1200mm

9. 一般民用建筑门的高度不宜小于（　　）。

A. 1800mm　　　　　　　B. 2000mm

C. 2100mm　　　　　　　D. 2400m

10. 采用塞口施工时，预留洞口比门窗框外包尺寸至少大（　　）mm。

A. 10　　　B. 20　　　C. 25　　　D. 30

11. 下列有关门窗保温与节能描述正确的是（　　）。

A. 由于飘窗可以增加建筑立面效果，所以应大力发展飘窗

B. 双玻窗比中空玻璃窗效果好

C. 采用密封和密闭措施可以减少冷风渗透

D. 采用小窗扇和单块面积小的玻璃可以减少门窗缝隙

12. 有关塑钢窗描述不正确的是（　　）。

A. 有良好的隔热保温性能、隔声性能和气密性能

B. 窗框和窗扇之间用框扇密封条密封

C. 塑钢门窗框采用塞口法安装

D. 塑钢平开窗下框应设排水孔，以排除下框积水

13. 公共建筑临空外窗的窗台距楼地面净高不得低于（　　）m，否则应设置防护设施，防护设施的高度由地面起算不应低于（　　）m。

A. 0.8，0.9　　　　　B. 0.8，0.8

C. 0.9，0.9　　　　　D. 0.9，0.8

14. 居住建筑临空外窗的窗台距楼地面净高不得低于（　　）m，否则应设置防护设施，防护设施的高度由地面起算不应低于（　　）m。

A. 0.8，0.9　　　　　B. 0.8，0.8

C. 0.9，0.9　　　　　D. 0.9，0.8

【理论自测】　班级　　姓名　　学号

151

15. 当凸窗窗台高度≤0.45m时，其防护高度从窗台面起算不应低于（ ）。

A. 0.6m   B. 0.7m   C. 0.8m   D. 0.9m

16. 当凸窗窗台高度大于0.45m时，其防护高度从窗台面起算不应低于（ ）。

A. 0.6m   B. 0.7m   C. 0.8m   D. 0.9m

三、判断题

1. 门窗构造必须满足房间的采光和通风要求。（ ）

2. 门的设置要求主要是根据其使用功能确定。（ ）

3. 门窗采用塞口法施工往往会影响施工进度。（ ）

4. 门框在墙中的位置可以居中、靠外，也可以靠内。（ ）

5. 塑钢窗就是通常说的塑料窗。（ ）

6. 夹板门有骨架和门芯板组成。（ ）

7. 平开门构造简单、开启灵活、便于维修，是使用最广泛的一种门。（ ）

8. 木门窗框设置裁口是为了密闭。（ ）

9. 门框与墙体间的缝隙内应用水泥砂浆填实。（ ）

10. 挡板遮阳一般适用于南向的窗口。（ ）

四、简答题

1. 简述门窗的作用，对它们有什么要求？

2. 门窗按开启方式各分为哪些种类？

项目十参考答案

3. 建筑遮阳的作用和基本形式有哪些？

【理论自测】   班 级   姓 名   学 号

项目十 门 窗

一、注写出图 10-1 镶板门的构造示意图中各组成部分的名称。

图 10-1 镶板门的构造示意图

二、注写出图 10-2 中塑钢窗连接构造详图中指明部位的名称（包括预埋木砖、固定螺钉、密封材料、塑钢窗框、塑料塞子）。

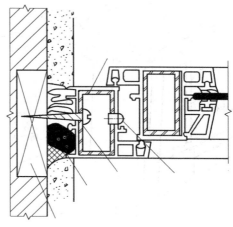

图 10-2 塑钢窗连接构造详图

项目十 门 窗

三、根据图 10-3 木门框安装示意图，在图 10-4 木门框构造详图中填写相应部位的构造名称。

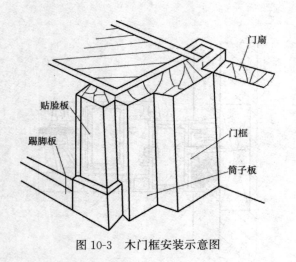

图 10-3 木门框安装示意图

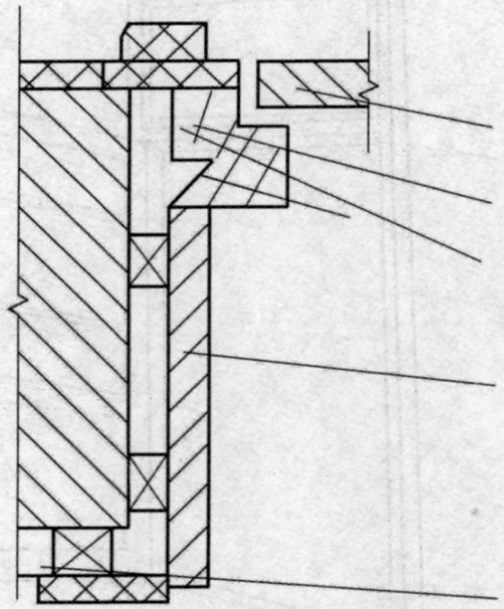

图 10-4 木门框构造详图

【实践操作】		班 级		姓 名		学 号	

项目十 门 窗

四、试按制图标准表示图 10-5 中各门窗的开启方式（以自室外观看为准）。

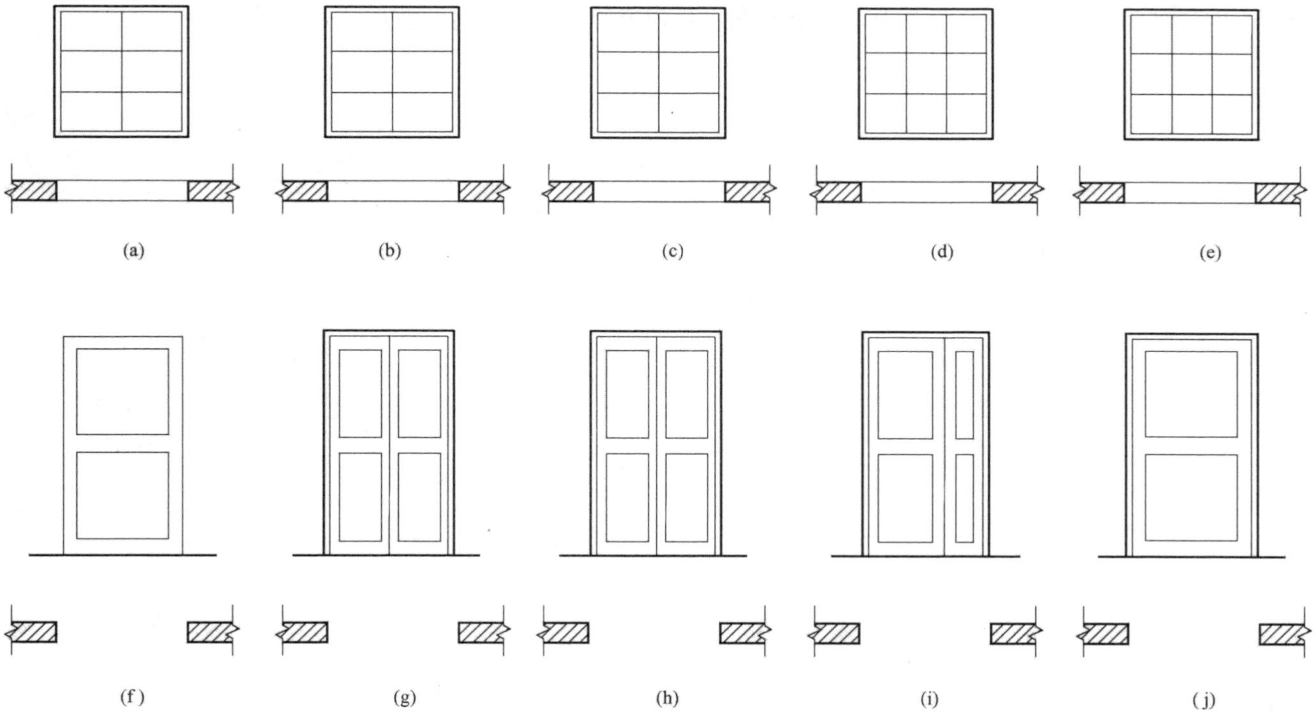

（a）　　　　　　（b）　　　　　　（c）　　　　　　（d）　　　　　　（e）

（f）　　　　　　（g）　　　　　　（h）　　　　　　（i）　　　　　　（j）

图 10-5 各门窗的开启方式

（a）单层外开平开窗；（b）单层内开平开窗；（c）推拉窗；（d）单层外开中悬窗；（e）单层固定窗；（f）墙外单扇推拉门；
（g）双扇内外开双层门；（h）双扇双面弹簧门；（i）大小扇外开门；（j）单扇内开门

| 【实践操作】 | 班 级 | | 姓 名 | | 学 号 | |

项目十 门 窗

五、编制门窗统计表。

对照本教材附图或教师提供的图纸，在下列空白处编制一份门窗统计表，并对门窗尺寸进行模数分析。

项目十一　变　形　缝

变形缝
├── 变形缝的类型
│　　├── 伸缩缝的含义
│　　├── 沉降缝的含义
│　　└── 防震缝的含义
├── 变形缝的设置原则
│　　├── 伸缩缝的设置原则和要求
│　　├── 沉降缝的设置原则和要求
│　　└── 防震缝的设置原则和要求
├── 沉降缝结构处理方法
│　　├── 偏心基础
│　　├── 交叉式基础
│　　└── 挑梁基础
└── 变形缝构造
　　├── 墙体变形缝构造
　　├── 楼地层变形缝构造
　　└── 屋顶变形缝构造

【知识框架】

班　级		姓　名		学　号	

项目十一 变形缝

一、填空题

1. 变形缝包括_____、_____和_____三种类型。

2. 伸缩缝从基础顶面开始，将_____、_____、_____全部断开。

3. 沉降缝应从基础_____起，沿_____、_____、_____全部断开，使相邻两侧结构单元沉降互不影响。

4. 伸缩缝的缝宽一般为_____；沉降缝的缝宽一般为_____；防震缝的缝宽一般取_____。

5. 沉降缝在基础处的处理方案有_____、_____和_____三种。

6. 当既设伸缩缝，又设防震缝时，缝宽按_____处理。

二、单项选择题

1. 为防止建筑物在外界因素影响下产生变形和开裂导致结构破坏而设计的缝称为（   ）。

A. 构造缝
B. 分仓缝
C. 变形缝
D. 施工缝

2. 为防止建筑构件因温度变化而产生热胀冷缩，使房屋出现裂缝，甚至被破坏而设的缝为（   ）。

A. 变形缝
B. 伸缩缝
C. 沉降缝
D. 防震缝

3. 基础必须断开的是（   ）。

A. 变形缝
B. 伸缩缝
C. 沉降缝
D. 防震缝

4. 为防止建筑物各部分由于地基不均匀沉降引起的破坏而设置的缝为（   ）。

A. 变形缝
B. 伸缩缝
C. 沉降缝
D. 防震缝

5. 为防止抗震设防烈度为6～9度地区的房屋受地震作用被破坏而设的缝为（   ）。

A. 变形缝
B. 伸缩缝
C. 沉降缝
D. 防震缝

6. 下列不宜设置沉降缝的是（   ）。

A. 同一建筑物相邻部分高差为2m处
B. 框架结构与砖混结构交接处
C. 独立基础与箱形基础交接处
D. 新建建筑物与原有建筑物紧相毗连处

7. 在抗震设防区多层砌体（多孔砖、小砌块）承重房屋的层高，不应超过（   ）。

A. 3.3m
B. 3.6m
C. 3.9m
D. 4.2m

【理论自测】 | 班 级 | | 姓 名 | | 学 号 |

158

8. 防震缝构造做法中基础要求是（　　　）。

A. 断开　　　　　　　　　B. 不断开

C. 可断可不断　　　　　　D. 与沉降缝要求一致

9. 抗震设防烈度为（　　　）度以上的地区应考虑设置防震缝。

A. 4　　　　B. 5　　　　C. 6　　　　D. 7

10. 关于变形缝，下列说法（　　　）不正确。

A. 当建筑物的长度或宽度超过一定限值时，需设伸缩缝

B. 在沉降缝处，应将基础以上部分的墙体、楼地层和屋顶全部断开，基础可不断开

C. 当建筑物各部分高度相差悬殊时，应设沉降缝

D. 防震缝的最小宽度为 70mm

11. 在地震区地下室用于沉降的变形缝宽度（　　　）为宜。

A. 20～30mm

B. 40～50mm

C. 70mm

D. 等于上部结构防震缝的宽度

12. 伸缩缝是为了预防（　　　）对建筑物的不利影响而设置的。

A. 温度变化　　　　　　　B. 地基不均匀沉降

C. 建筑平面过于复杂　　　D. 建筑高度相差过大

三、简答题

1. 简述变形缝的作用？

2. 三种变形缝都需要设置时，如何协调？

项目十一参考答案

3. 伸缩缝的设置原则及设置要求是什么？

【理论自测】

班　级		姓　名		学　号	

4. 沉降缝的设置原则及设置要求是什么?

6. 屋顶变形缝构造有哪几种形式?

5. 防震缝的设置原则及设置要求是什么?

7. 基础沉降缝有哪几种处理方案? 各适用于什么情况?

项目十一　变　形　缝

一、在图 11-1 变形缝类型图中，将变形缝类型名称写在相应的横线上。

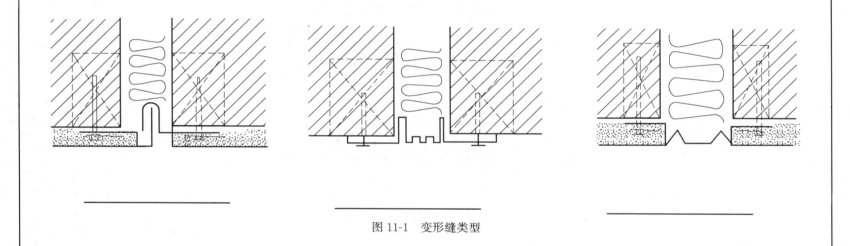

图 11-1　变形缝类型

项目十一 变 形 缝

二、图 11-2 为外墙变形缝构造详图，在图中将 1. 密封材料，2. 止水带（合成高分子卷材），3. 锚栓，4. 衬垫材料，5. 不锈钢板，6. 压条相对应的部位注写出来。

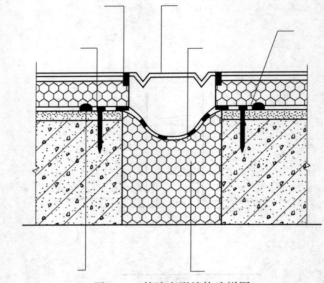

图 11-2 外墙变形缝构造详图

项目十一 变 形 缝

三、图 11-3 为楼地面变形缝构造详图，在图中将 1. 铝合金中心盖板，2. 铝合金边侧盖板，3. 铝合金基座，4. 止水带，5. 填缝胶相对应的部位注写出来。

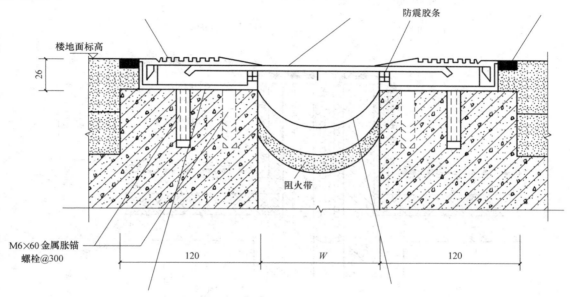

防震胶条

楼地面标高

26

阻火带

M6×60 金属胀锚
螺栓@300

120   *W*   120

图 11-3　楼地面变形缝构造详图
注：*W* 为变形缝宽度。

四、抄绘图 11-4 等高屋面变形缝构造详图，图幅比例自定。

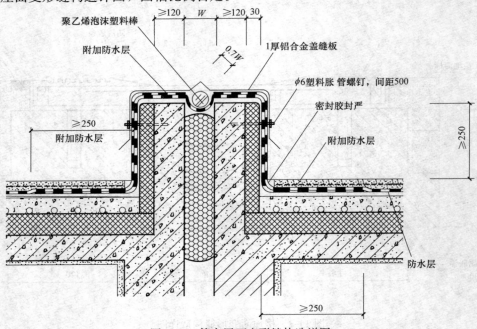

图 11-4 等高屋面变形缝构造详图

项目十二　建筑施工图识读

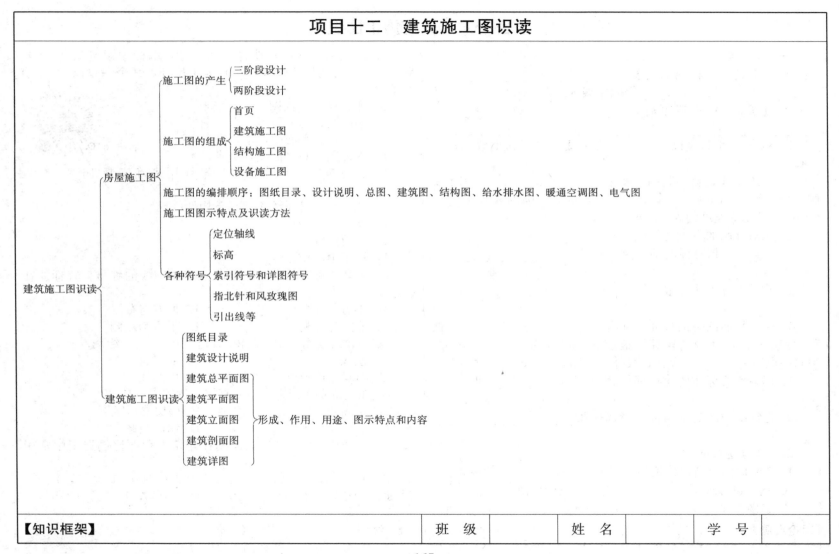

建筑施工图识读
├─ 房屋施工图
│   ├─ 施工图的产生
│   │   ├─ 三阶段设计
│   │   └─ 两阶段设计
│   ├─ 施工图的组成
│   │   ├─ 首页
│   │   ├─ 建筑施工图
│   │   ├─ 结构施工图
│   │   └─ 设备施工图
│   ├─ 施工图的编排顺序：图纸目录、设计说明、总图、建筑图、结构图、给水排水图、暖通空调图、电气图
│   ├─ 施工图图示特点及识读方法
│   └─ 各种符号
│   ├─ 定位轴线
│   ├─ 标高
│   ├─ 索引符号和详图符号
│   ├─ 指北针和风玫瑰图
│   └─ 引出线等
└─ 建筑施工图识读
    ├─ 图纸目录
    ├─ 建筑设计说明
    ├─ 建筑总平面图
    ├─ 建筑平面图
    ├─ 建筑立面图
    ├─ 建筑剖面图　　形成、作用、用途、图示特点和内容
    └─ 建筑详图

【知识框架】

班　级		姓　名		学　号	

项目十二　建筑施工图识读

一、填空题

1. 一套建筑工程施工图按_____、_____、_____、_____等顺序编排。

2. 建筑施工图一般包括_____、_____、_____、_____和_____。

3. 标高尺寸标注以_____为单位，注写到小数点后____位。

4. 为表明建筑物的朝向，在_____图和_____图上要画出指北针。指北针外圆用_____线绘制，圆的直径为____mm，指针尾部宽度约为____mm。

5. 绝对标高的零点选择在_____，相对标高的零点选择在_____。

6. 建设设计说明一般包括_____。

7. 建筑平面图中的尺寸标注有_____和_____两种。其中外部尺寸中离轮廓线最近的一道称为_____尺寸，中间一道称为_____尺寸，最外一道称为_____尺寸。

8. 标高按所标注的建筑部位分为_____和_____。

9. 建筑剖面图的剖切位置多选择在_____。

二、单项选择题

1. 总平面图上新建建筑物内部标高是指（　　）的标高。
A. 室外设计地面　　　　　　B. 底层室内地面
C. 二楼楼面　　　　　　　　D. 屋面

2. 施工图中均应注明详细的尺寸，国标中规定除（　　）和（　　）上的尺寸以（　　）为单位外，其余一律以（　　）为单位。
A. 平面图，剖面图，米，毫米
B. 平面图，总平面图，米，毫米
C. 标高，总平面图，米，毫米
D. 平面图，总平面图，毫米，米

3. 在建筑施工图中，定位轴线用来确定（　　）。
A. 承重墙、柱子等主要承重构件位置
B. 墙体位置
C. 基础位置
D. 柱子中心位置

4. 在建筑施工图中，平面图中定位轴线的编号，宜标注在（　　）。
A. 上方与左侧　　　　　　　B. 下方与右侧
C. 上方与右侧　　　　　　　D. 下方与左侧

5. 在建筑立面图中，门窗洞口宜用（　　）绘制。
A. 虚线　　　　　　　　　　B. 细实线
C. 细双点长画线　　　　　　D. 中实线

6. 在建筑立面图中，不能直接表达的内容是（　　）
A. 层高　　　　　　　　　　B. 门窗洞口宽度
C. 总高　　　　　　　　　　D. 墙面装修

7. 平面图、剖面图、立面图在建筑工程图比例选用中常用（　　）。
A. 1：500，1：200，1：100　B. 1：1000，1：200，1：50
C. 1：50，1：100，1：200　　D. 1：50，1：25，1：10

项目十二参考答案

【理论自测】

班级		姓名		学号	

166

8. 建筑剖面图的图名应与（　　）的剖切符号编号一致。

A. 楼梯底层平面图　　　　　　　B. 底层平面图

C. 基础平面图　　　　　　　　　D. 屋顶平面图

9. 主要表示建筑物承重结构构件的布置和构造情况的是（　　）。

A. 建筑施工图　　　　　　　　　B. 结构施工图

C. 设备施工图　　　　　　　　　D. 构件详图

10. 某新建建筑物的首层室内地面绝对标高为 46.28m，相当于±0.000，室外地坪绝对标高为 45.98m，则室外地坪的相对标高是（　　）m。

A. 0.3　　　　　　　　　　　　B. −0.3

C. 46.28　　　　　　　　　　　D. 45.98

三、简答题

1. 施工图的图示特点是什么？

2. 施工图识读的一般方法是什么？

四、填写表 12-1

建筑施工图　　　　　　　　　　　　　　　表 12-1

建筑施工图	形　成	作　用	用　途
建筑总平面图			
建筑平面图			
建筑立面图			
建筑剖面图			
建筑详图			

【理论自测】　　　　　　　　　班　级　　　　　　　姓　名　　　　　　　学　号

167

项目十二　建筑施工图识读

五、根据制图标准要求绘制符号

1. 总平面图室外地坪标高为 98.76m。

2. 多层构造共同引出线。

3. 对称符号。

4. 指北针 。

5. 2号定位轴线之后附加的第一根轴线。

6. C号定位轴线之前附加的第一根轴线。

7. 首层平面图室内主要地面标高±0.000。

8. A 号详图从第 3 张施工图索引而来的详图符号。

9. 6 号详图在第 10 张施工图的索引符号。

10. 1 号详图在《国家建筑标准设计图集 11J930：住宅建筑构造》第 73 页上的索引符号。

六、根据制图标准要求绘制下列常用建筑构造及配件图例
1. 单扇平开外开门。

2. 单层推拉窗。

3. 楼梯平面图（包括底层、中间层和顶层）。

七、说明下列符号的含义

1.

2.

J103

3.

9.600
6.400
3.200

4.

平面图

（1）标记 1 的含义是什么？

（2）标记 2 的含义是什么？

（3）标记 3 的含义是什么？

项目十二 建筑施工图识读

八、标注图 12-1 中的横向和纵向定位轴线并编号（除厕所内墙厚为 120mm 外，其余墙厚均为 240mm）

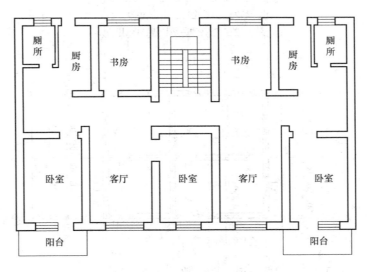

图 12-1 平面图

项目十二 建筑施工图识读

九、已知某小型建筑平面图，补充其立面图和剖面图中所缺尺寸和图名

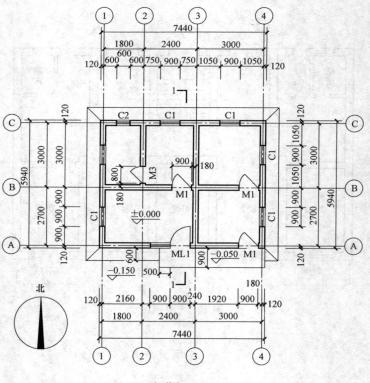

平面图 1:100

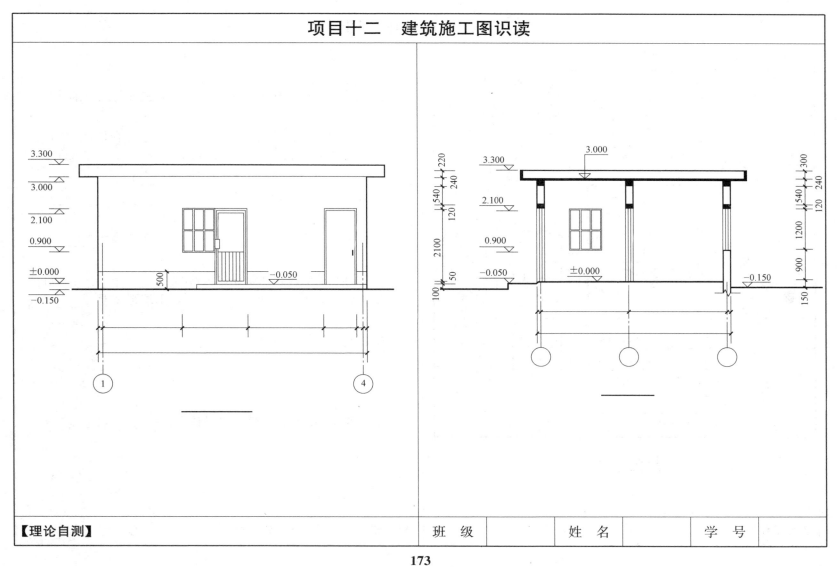

项目十二 建筑施工图识读

一、识读某建筑总平面图，回答问题。

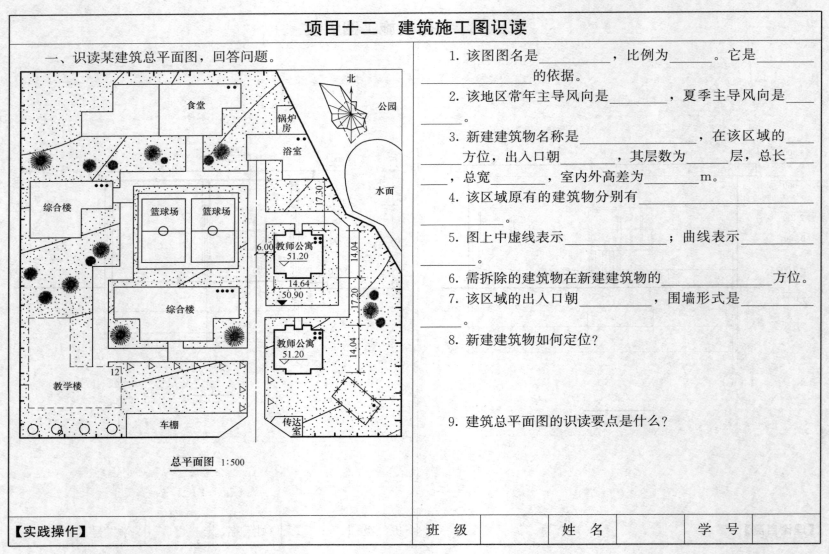

总平面图 1:500

1. 该图图名是_____，比例为_____。它是_____的依据。

2. 该地区常年主导风向是_____，夏季主导风向是_____。

3. 新建建筑物名称是_____，在该区域的_____方位，出入口朝_____，其层数为_____层，总长_____，总宽_____，室内外高差为_____m。

4. 该区域原有的建筑物分别有_____。

5. 图上中虚线表示_____；曲线表示_____。

6. 需拆除的建筑物在新建建筑物的_____方位。

7. 该区域的出入口朝_____，围墙形式是_____。

8. 新建建筑物如何定位？

9. 建筑总平面图的识读要点是什么？

【实践操作】	班 级		姓 名		学 号	

174

二、识读某办公楼底层建筑平面图，回答问题。

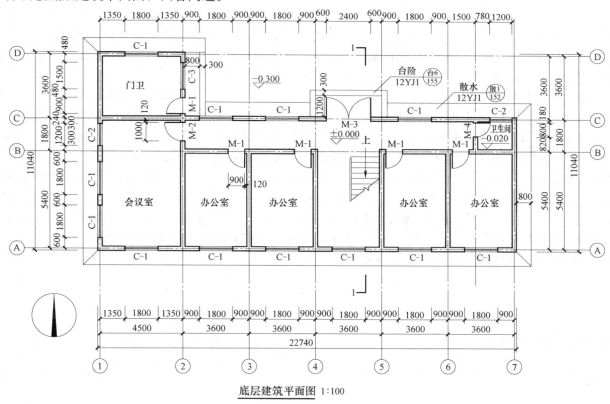

底层建筑平面图 1:100

项目十二　建筑施工图识读

1. 建筑平面图一般包括_____图、_____图、_____图和屋顶平面图。平面图可以用来表示_____

_____。

2. 该办公楼平面图图名是_____，比例为_____。横向定位轴线从____到_____，纵向定位轴线从_____到_____。

3. 办公楼主要出入口朝_____，室外地坪标高是_____，室内地面标高是_____，均为_____（绝对标高或相对标高），室内外高差是_____，通过____步台阶解决。

4. 底层平面图中，主要功能房间包括_____。楼梯设置____部。

5. 办公楼中门的规格有____种，其中 M-3 的开启方式是_____；窗的规格有____种，C-2 窗口宽度为_____m。

6. 在建筑平面图中，被剖到的墙身用_____线绘制，未被剖切的墙身线、窗台、楼梯、台阶、雨篷等用_____线绘制，尺寸界线、尺寸线用____线绘制，尺寸起止符号用_____线绘制，剖切符号用_____线绘制。

7. 办公楼外墙体厚度是____mm，与轴线的关系是____；楼梯间的开间是_____m，进深是____m。卫生间的地面比主要室内地面低_____mm。

8. 该建筑物总长____m，总宽_____m。散水宽度是_____mm，每步台阶高度是____mm，宽度是_____mm。

9. 底层平面图中特有的符号有_____和_____；图中 1—1 剖切符号所表示的投射方向是_____。

10. 图中有两处索引符号，分别说明索引部位及含义？

11. 平面图的图示内容有哪些？

【实践操作】	班　级		姓　名		学　号	

三、识读某办公楼建筑立面图，回答问题。

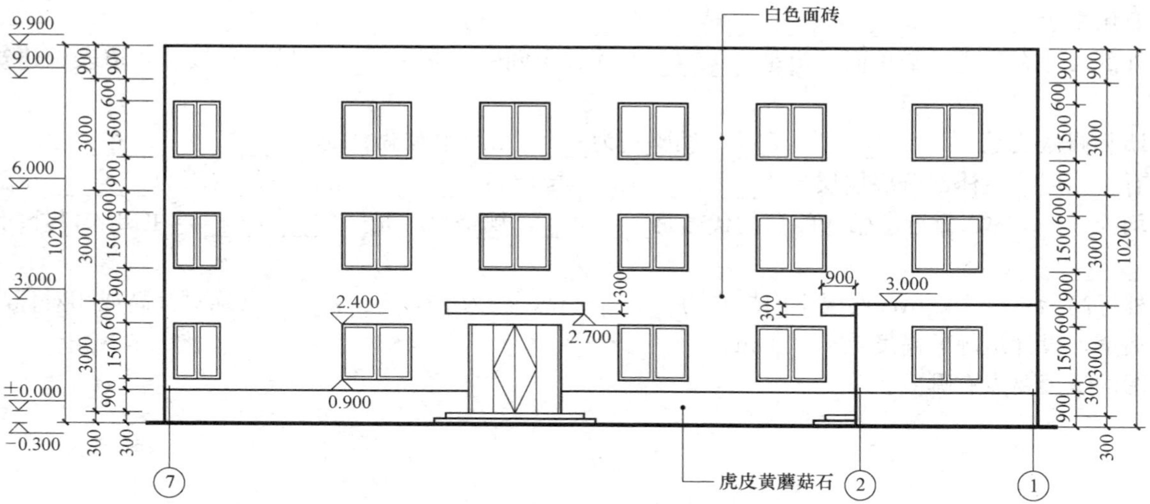

⑦～① 办公楼建筑立面图 1:100

【实践操作】		班　级		姓　名		学　号	

项目十二　建筑施工图识读

1. 该办公楼立面图图名是_____，比例为_____，一般与_____图一致；若按其他方式命名还可称为_____或_____。

2. 立面图主要用来表达_____。

3. 该立面图外部尺寸有三道，最里面一道是_____尺寸、中间一道是_____尺寸、最外一道表示建筑物的_____为_____m。

4. 办公楼外墙装修做法是_____，勒脚高为_____m，装修做法是_____。

5. 办公楼共有____层，主体部分底层层高为_____m，二层层高为_____m，顶层层高为_____m。

6. 窗台高度均为_____m，靠近⑦轴线的窗的代号是_____，规格尺寸是_____。主出入口处门的代号是_____，规格尺寸是_____。

7. 办公楼室外标高为_____m，底层室内标高为_____m，均为_____（绝对标高或相对标高）。

8. 雨篷底板离室外设计地坪的高度是_____m。

9. 建筑立面图的识读要点有哪些？

【实践操作】	班　级		姓　名		学　号	

四、识读某办公楼建筑剖面图，回答问题。

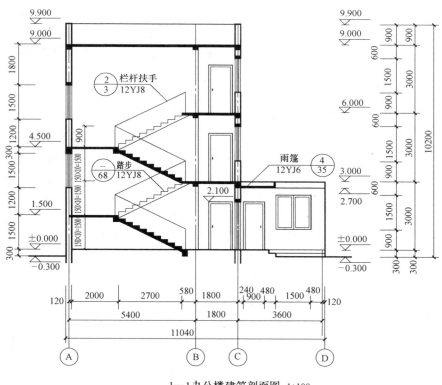

1—1办公楼建筑剖面图 1:100

| 【实践操作】 | | 班　级 | | 姓　名 | | 学　号 | |

项目十二   建筑施工图识读

1. 该办公楼剖面图图名是_____，比例为_____，一般与_____图一致；其剖切位置在_____图的____轴和____轴之间，剖切到的具体部位分别是_____。

2. 剖面图主要用来表达_____。

3. 办公楼总高度是_____m，一层层高为_____m，二层层高是_____m，室内外高差是_____m，用_____步台阶解决此高差。

4. 图中室内外地坪采用_____线绘制，被剖切到的钢筋混凝土构件用_____表示。

5. 剖面图中剖切到了楼梯，该楼梯的建筑形式是_____，休息平台处的标高分别是_____和_____。楼梯梯段长_____m，高_____m。栏杆扶手高度是_____m，从底层上到二层共用____级踏步。

6. 楼梯间窗台高度均是_____m，窗的高度均为_____m，出入口门的高度是_____m，门洞上方涂黑部分构件名称是_____。

7. 该办公楼为_____（平屋面或坡屋面），檐口形式是_____，屋顶标高是_____m，女儿墙压顶标高是_____m，女儿墙高度为_____m。

8. 分别说明图中索引符号的含义，试查阅相关图集，识读并绘制其中一处的标准详图。

9. 建筑剖面图的识读要点有哪些？

五、识读某建筑物外墙身节点详图，回答问题。

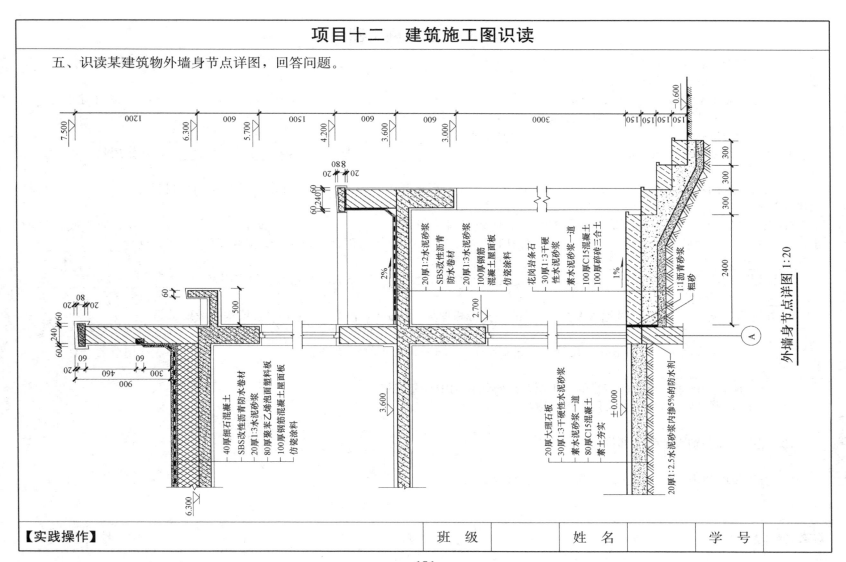

外墙身节点详图 1:20

项目十二　建筑施工图识读

　　1. 外墙身节点详图用来表达_____，常用比例是_____。该墙体厚度为_____，属于_____（承重或非承重墙）。

　　2. 该建筑物的总高是_____m，室内外高差是_____m，台阶共有____步，台阶踏面宽为_____mm，踢面高为_____mm。"1∶1沥青砂浆"所指部位的构造名称是_____，缝宽一般为_____mm。

　　3. 台阶上方的构造名称是_____，其构造做法是_____。

　　4. 墙身防潮层的构造做法是_____，一般位于_____，其作用是_____
_____。

　　5. 出入口处门洞高度是_____m，二层窗台高为____m，窗高度为_____m，门窗洞口上方的梁所用材料是_____，其截面尺寸为_____。

　　6. 该屋面属于_____（平屋面或坡屋面），防水材料采用_____，属于_____（卷材防水或涂膜防水）"20厚1∶3水泥砂浆"是_____层，该屋面属于_____（正置式或倒置式保温屋面），其特点是
_____。

　　7. 该建筑物屋面檐口形式为_____，其中女儿墙高度_____mm，女儿墙压顶作用是_____
__，用_____材料。

　　8. 外挑檐沟宽为____mm，挑檐板厚为____mm，上翻板厚为____mm，高为____mm，挑檐沟一般要求是_____
_____。

　　9. 该屋面泛水高度为_____mm，设计上一般不小于____mm，泛水收头做法是_____，其构造要点有_____
_____。

　　10. 试查阅相关图集，将地砖装修的楼板层及踢脚线在图中补充完整。

　　11. 建筑详图的特点是什么？常用比例有哪些？

　　12. 图中标高分别表示哪些部位？

　　13. 分别说明屋面各构造层次的名称、作用、材料做法？

【实践操作】		班　级		姓　名		学　号	

六、识读某建筑物楼梯平面图，回答问题。

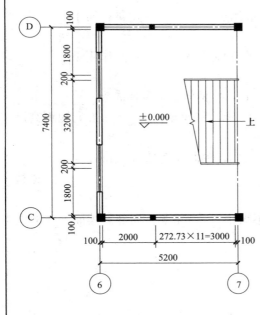

首层楼梯平面图1:50

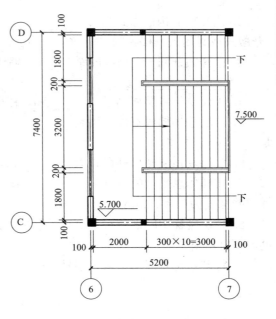

二层楼梯平面图1:50

顶层楼梯平面图1:50

| 【实践操作】 | | 班　级 | | 姓　名 | | 学　号 | |

项目十二　建筑施工图识读

1. 楼梯详图一般包括_____、_____、和_____。楼梯平面图通常包括_____、_____、_____、___，常用比例是_____。

2. 该楼梯的构造形式是_____，其特点是_____，一般适用于_____建筑；属于_____（开敞式或封闭式）楼梯间。

3. 楼梯间开间____m，进深____m，墙体厚度为_____mm，墙体中部内小黑方框表示的部件是_____，其作用是_____。

4. 该建筑物首层层高是_____m，楼梯休息平台标高为_____m，二层层高是_____m，楼梯休息平台标高为_____m。

5. 首层楼梯梯段宽度分别是_____mm 和_____mm，每个梯段的踏步数是_____步，踏面宽度为____mm，踢面高度是____mm。

6. 二层及顶层楼梯梯段长为_____m，每个梯段的踏步数是____步，踏面宽度为____mm，踢面高度是____mm。

7. 楼梯休息平台的宽度为_____mm，其宽度设计要求是_____；梯井是指_____，该楼梯梯井宽度为_____mm。

8. 顶层楼梯中间部分有一水平段栏杆，其设计要求高度宜为_____m，并且栏杆净距不大于_____mm，底部离楼面____m高度内不宜留空。

9. 将剖切符号图示出来并编号。

10. 楼梯详图中的栏杆扶手、踏步详图主要表达哪些内容？

11. 楼梯详图的识读要点有哪些？

【实践操作】		班　级		姓　名		学　号	

项目十三　综合技能实训

实训一　图线练习

1. 实训目的

（1）熟悉制图基本规定；

（2）掌握正确使用绘图工具和仪器，熟悉制图基本步骤和方法。

2. 实训内容

常用图线，建筑材料图例画法。

3. 实训要求

（1）图纸：A3 号图幅，横放；

（2）图名：图线练习；

（3）比例：1∶1；

（4）图线：铅笔绘制（建议 $b=1$mm）；

（5）字体：汉字用长仿宋字体，材料符号图名及标题栏填写均用 7 号字；

（6）尺寸：不需要标注。

4. 成绩评定标准

作图准确，图线粗细分明，线宽一致且均匀，应特别注意点画线、虚线及平行线间隔一致，书写长仿宋字时，宜先打好方格，图面整洁，图样布局合理。

5. 作图步骤

（1）绘图前的准备工作

1）明确实训任务内容和要求；

2）准备绘图工具，并且要求在绘图过程中始终保持绘图工具的清洁；

3）将图纸用胶带固定在图板的左下方，并保持图纸的干净和平整。

（2）绘制底稿图（建议用 2H 或 H 铅笔）

1）依据例图中的尺寸依次绘制，画出的图线应细、浅、轻以便提高绘图速度和质量；

2）画水平线时铅笔走势应从左往右，画垂直线时铅笔走势应从下往上。

（3）检查无误后，按制图标准要求加粗描深图线（建议用 B 或 2B 铅笔）

图线加粗描深一般步骤是：先粗后细，先曲后直，先水平后垂直。

（4）书写文字，填写标题栏内容（建议用 HB 铅笔）。

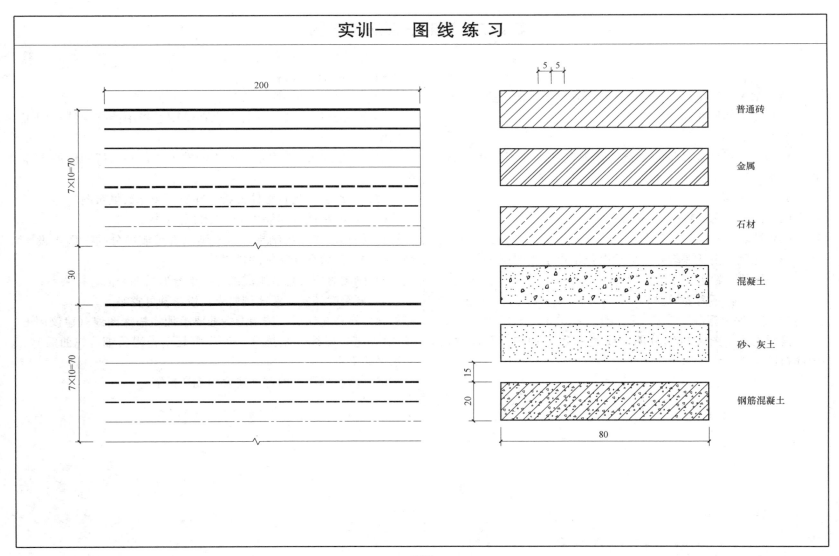

普通砖

金属

石材

混凝土

砂、灰土

钢筋混凝土

实训二　绘制三面正投影图

1. 实训目的

(1) 熟悉组合体的绘制方法和步骤；

(2) 掌握利用正投影投影规律进行建筑形体的表达；

(3) 能识读尺寸标注。

2. 实训内容

根据建筑形体立体图，识读并绘制其三面正投影图（数量由教师指定）。

3. 实训要求

(1) 图纸：A3 号图幅，横放；

(2) 图名：三面正投影图；

(3) 比例：由任课教师根据绘图数量指定比例；

(4) 图线：铅笔绘制（建议 $b=1mm$）；

(5) 尺寸：不需要标注。

4. 成绩评定标准

投影正确，图线粗细分明，线宽一致且均匀，图面整洁，图样布局合理。

5. 作图步骤

(1) 绘图前的准备工作

1) 明确实训任务内容和要求；

2) 准备绘图工具，并且要求在绘图过程中始终保持绘图工具的清洁；

3) 将图纸用胶带固定在图板的左下方，并保持图纸的干净和平整。

(2) 对组合体进行形体分析，并根据图样数量布图

(3) 画底稿图（建议用 H 或 2H 铅笔）

1) 根据形体分析结果，依次画出各组成部分的三面正投影图，应先画反映形状特征的投影；

2) 画图时应注意各组成部分的组合形式和表面连接关系；

3) 画图时还应注意比例要求，投影轴可省略。

(4) 检查无误后，按制图标准要求加粗描深图线（建议用 B 或 2B 铅笔）图线加粗描深一般步骤是：先粗后细，先曲后直，先水平后垂直。

(5) 填写标题栏内容（建议用 HB 铅笔）。

实训二　绘制三面正投影图

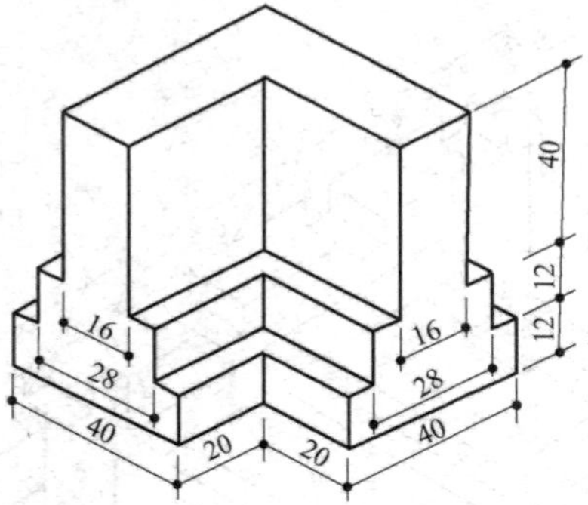

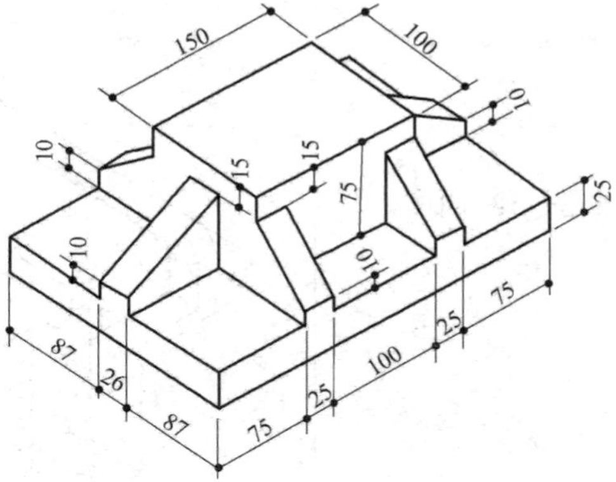

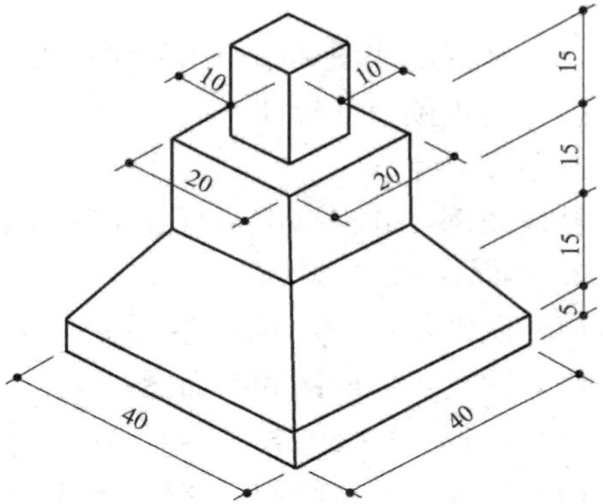

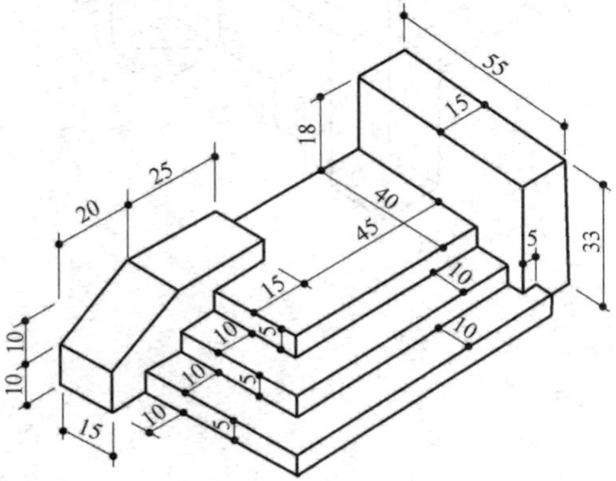

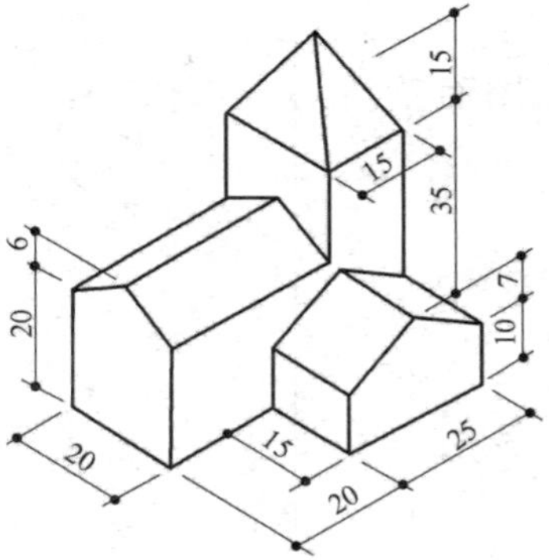

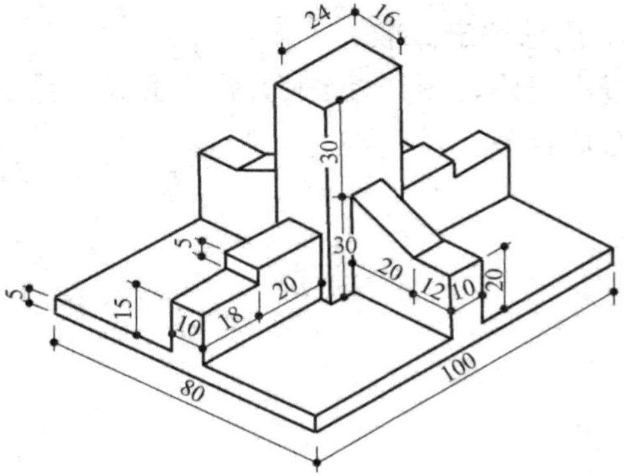

实训三　绘制剖面图和断面图

1. 实训目的

（1）熟悉剖面图和断面图的形成、画法和两者之间的相互关系；

（2）掌握剖面图和断面图的绘制方法和步骤；

（3）能识读尺寸标注。

2. 实训内容

抄绘图例，并根据剖切符号绘制有梁板剖面图与断面图。

3. 实训要求

（1）图纸：A3 号图幅，横放；

（2）图名：剖面图和断面图；

（3）比例：1∶50；

（4）图线：铅笔绘制（建议 $b=1$mm）；

（5）尺寸：不需要标注。

4. 成绩评定标准

投影正确，图线粗细分明，线宽一致且均匀，图面整洁，图样布局合理。

5. 有梁板轴测图（仅供参考）

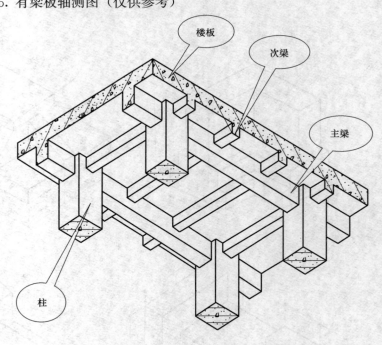

实训三　绘制剖面图和断面图

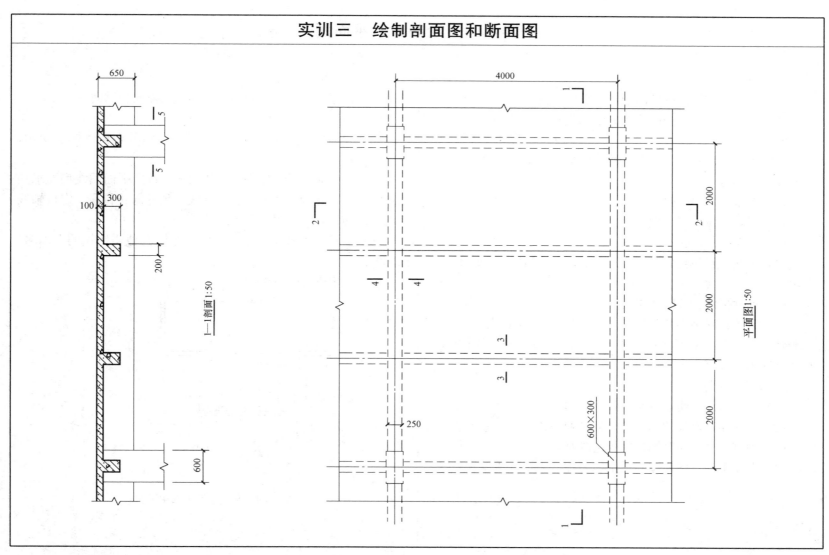

650

5

5

100 300

200

1—1剖面 1:50

600

4000

2

2

4

4

3

3

250

600×300

2000

2000

2000

平面图 1:50

191

实训四　绘制建筑平面图

任务书	指导书
1. 实训目的 （1）熟悉建筑平面图的图示特点和图示内容； （2）掌握建筑平面图的绘图方法和步骤。 2. 实训内容 抄绘附图中的建筑平面图（数量由教师指定）。 3. 实训要求 （1）图纸：A3 号图幅，横放； （2）图名：××平面图； （3）比例：1∶100； （4）图线：铅笔绘制（建议 $b=1$mm）具体要求如图 13-1 所示； （5）尺寸标注：按附图中所注尺寸； （6）字体：汉字用长仿宋字，其中图名宜用 10 号字，文字说明宜用 5 号字，尺寸数字宜用 3.5 号字，轴线编号圆圈内数字和字母宜用 5 号字。 4. 成绩评定标准 （1）图线粗细分明，线宽一致且均匀； （2）字体端正，尺寸标注齐全且排列一致； （3）图例符号按照制图标准规定绘制； （4）图面整洁，图样布局适中，匀称、美观，整体效果好。	1. 平面图画法步骤 （1）根据轴线尺寸，画出定位轴线（横向和纵向）； （2）画墙（柱）身线； （3）画细部线，如门窗洞口、楼梯、室外台阶、散水明沟、卫生间等； （4）检查无误后，擦去多余作图线，按照平面图线型要求加粗描深图线，宜画尺寸界线、尺寸线、尺寸起止符号、定位轴线圆圈、剖切符号、索引符号等； （5）书写尺寸数字、定位轴线编号、其他文字说明、图名、比例等。 2. 尺寸排列要求见图 13-2。 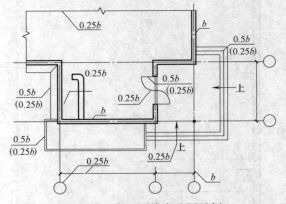 图 13-1　平面图线宽选用示例

192

实训四　绘制建筑平面图

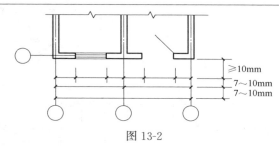

图 13-2

3. 建筑专业制图选用比例,宜符合表 13-1。

比例　　　　　　　　　　　　　表 13-1

图　名	比　例
建筑物或构筑物的平面图、立面图、剖面图	1∶50、1∶100、1∶150、1∶200、1∶300
建筑物或构筑物的局部放大图	1∶10、1∶20、1∶25、1∶30、1∶50
配件及构造详图	1∶1、1∶2、1∶5、1∶10、1∶15、1∶20、1∶25、1∶30、1∶50

4. 建筑专业制图采用的图线,要符合表 13-2 的规定。

图线　　　　　　　　　　　　　表 13-2

名称		线宽	用途
实线	粗	b	①平、剖面图中被剖切的主要建筑构造(包括构配件)的轮廓线; ②建筑立面图或室内立面图的外轮廓线; ③建筑构造详图中被剖切的主要部分的轮廓线; ④建筑构配件详图中的外轮廓线; ⑤平、立、剖面图的剖切符号
	中粗	$0.7b$	①平、剖面图中被剖切的次要建筑构造(包括构配件)的轮廓线; ②建筑平、立、剖面图中建筑构配件的轮廓线; ③建筑构造详图及建筑构配件详图中的一般轮廓线
	中	$0.5b$	小于 $0.7b$ 的图形线、粉刷线、保温层线、地面、墙面的高差分界线等
	细	$0.25b$	图例填充线、家具线、纹样线等
虚线	中粗	$0.7b$	①建筑构造详图及建筑构配件不可见轮廓线; ②平面图中的起重机(吊车)轮廓线; ③拟建、扩建建筑物的轮廓线
	中	$0.5b$	投影线、小于 $0.5b$ 的不可见轮廓线
	细	$0.25b$	图例填充线、家具线等
单点长画线	粗	b	起重机(吊车)轨道线
	细	$0.25b$	中心线、对称线、定位轴线
折断线	细	$0.25b$	部分省略表示时的断开界线
波浪线	细	$0.25b$	部分省略表示时的断开界线,曲线性构件断开界线构造层次的断开界线

5. 以附图中一层平面图为例，画法步骤示例。

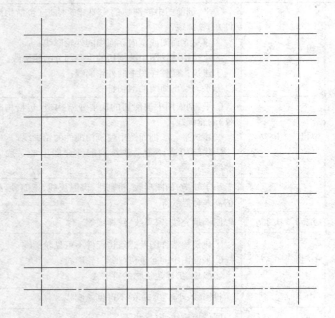

(a) 画定位轴线

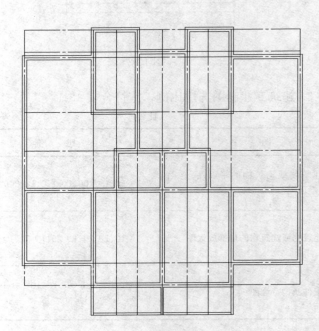

(b) 画墙身线

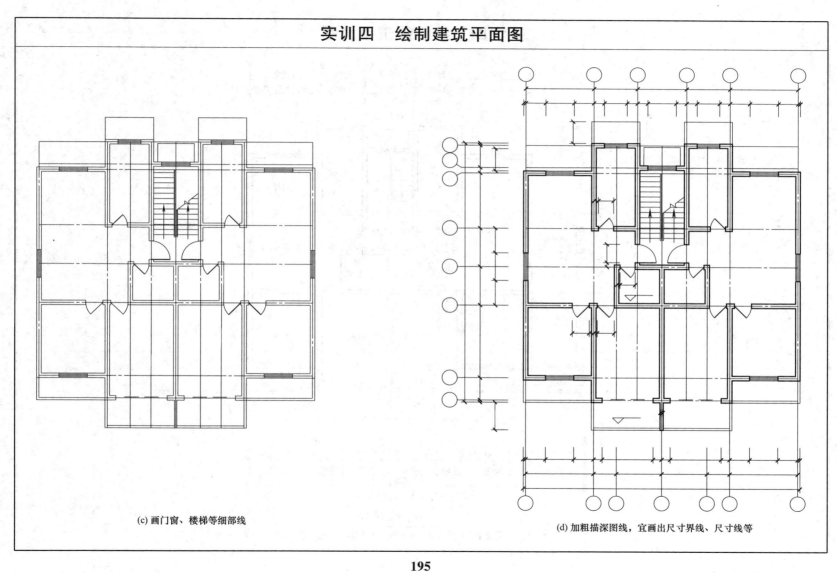

(c) 画门窗、楼梯等细部线

(d) 加粗描深图线，宜画出尺寸界线、尺寸线等

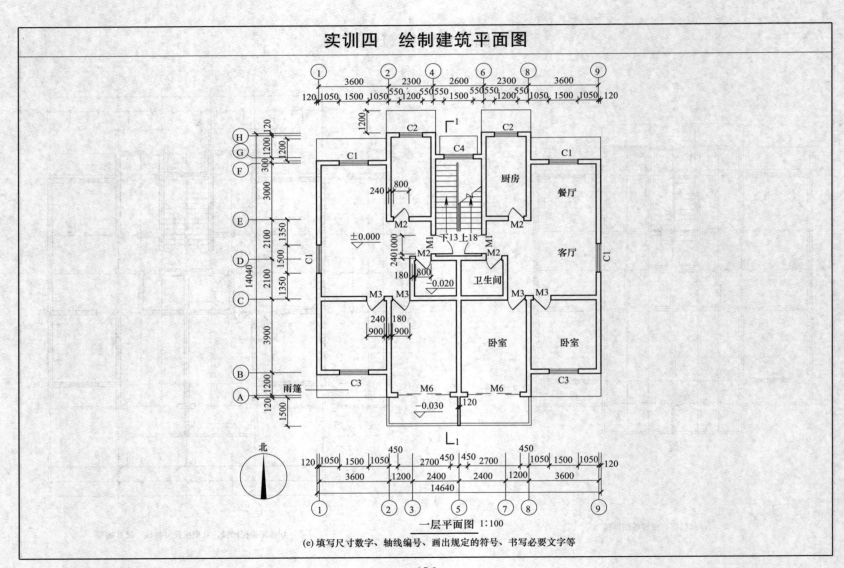

一层平面图 1:100

(e) 填写尺寸数字、轴线编号、画出规定的符号、书写必要文字等

实训五 绘制建筑立面图

任务书

1. 实训目的
(1) 熟悉建筑立面图的图示特点和图示内容；
(2) 掌握建筑立面图的绘图方法和步骤。

2. 实训内容
抄绘建筑立面图（由教师根据附图指定）。

3. 实训要求
(1) 图纸：A3 号图幅，横放；
(2) 图名：××立面图；
(3) 比例：1：100；
(4) 图线：铅笔绘制，立面图外轮廓线为 b，室外地坪线用 $1.4b$，可见的墙身、门窗洞口、阳台、雨篷、室外台阶、花池等轮廓线用 $0.5b$，门窗扇、墙面分格线、栏杆、水落管等用 $0.25b$；
(5) 尺寸标注：按图示所注尺寸；
(6) 字体：汉字用长仿宋字，其中图名宜用 10 号字，文字说明宜用 5 号字，尺寸数字宜用 3.5 号字，轴线编号圆圈内数字和字母宜用 5 号字。

4. 成绩评定标准
图线粗细分明，线宽一致且均匀，尺寸标注无误，图例符号按照制图标准规定绘制，字体端正，图面整洁，图样布局合理。

指导书

1. 立面图画法步骤
(1) 画定位轴线（横向或纵向）和室外地坪线、±0.000 线、外墙轮廓线、层高线、屋面线（女儿墙身线）；
(2) 画细部，根据标高依次画出各层门窗洞口、可见的墙柱线、阳台、雨篷、室外台阶花池、门窗扇、水落管等；
(3) 检查无误后，擦去多余作图线，按照立面图线型要求加粗描深图线；
(4) 标注尺寸、标高、两端轴线、索引符号和墙面装修说明、图名、比例等。

2.
相邻的立面图或剖面图，宜绘制在同一水平线上，图内相互有关的尺寸及标高，宜标注在同一竖线上，如图 13-2。

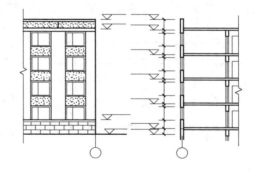

图 13-2　相邻立面图与剖面图的关系

3. 以附图中①～⑨立面图为例，画法步骤示例。

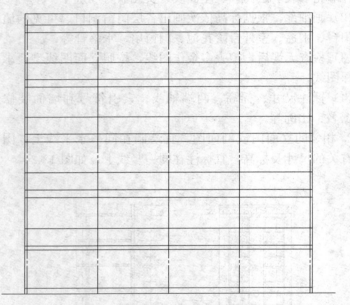

(a) 画定位轴线、楼地面线、屋面线、最外墙身线等

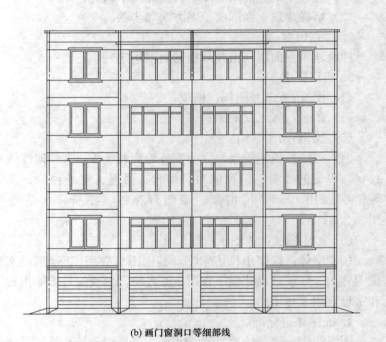

(b) 画门窗洞口等细部线

(c) 加粗描深图线，宜画出标高符号

12.200
11.200
9.600
8.300
6.700
5.400
3.800
2.500
0.900
±0.000
-0.200
-2.200
-2.500

①～⑨ 立面图　1:100

(d) 书写尺寸数字、必要文字等

实训六 绘制建筑剖面图

<table>
<tr><td align="center">任务书</td><td align="center">指导书</td></tr>
<tr><td>

1. 实训目的

(1) 熟悉建筑剖面图的图示特点和图示内容；

(2) 掌握建筑剖面图的绘图方法和步骤。

2. 实训内容

抄绘附图中的1—1剖面图。

3. 实训要求

(1) 图纸：A3号图幅，横放；

(2) 图名：1—1剖面图；

(3) 比例：1：100；

(4) 图线：铅笔绘制，线宽要求同平面图，室外地坪线宽1.4b；

(5) 尺寸标注：按图示所注尺寸；

(6) 字体：汉字用长仿宋字，其中图名宜用10号字，文字说明宜用5号字，尺寸数字宜用3.5号字，轴线编号圆圈内数字和字母宜用5号字。

4. 成绩评定标准

(1) 图线粗细分明，线宽一致且均匀；

(2) 字体端正，尺寸标注齐全且排列一致，图例符号等按制图标准绘制；

(3) 图面整洁，图样布局适中，匀称、美观，整体效果好。

</td><td>

1. 剖面图画法步骤

(1) 画定位轴线（横向或纵向）和室内外地坪线、层高线、楼梯平台线、屋面线；

(2) 被剖切的墙身线、楼地面、屋顶厚度等，未剖切仍可见的构配件轮廓线；

(3) 画细部线，如门窗洞口、楼梯、梁、挑檐沟（女儿墙）、台阶等构配件；

(4) 检查无误后，擦去多余作图线，按照剖面图线型要求加粗描深图线，宜画尺寸界线、尺寸线、尺寸起止符号、定位轴线圆圈、标高符号、索引符号等；

(5) 书写尺寸数字、标高数值、定位轴线编号、必要的施工说明等。

2. 不同比例的平面图、剖面图，其抹灰层、楼地面、材料图例的省略画法，应符合下列规定：

(1) 比例大于1：50的平面图、剖面图，应画出抹灰层、保温隔热层等与楼地面、屋面的面层线，并宜画出材料图例；

(2) 比例等于1：50的平面图、剖面图，剖面图宜画出楼地面、屋面的面层线，宜绘出保温隔热层，抹灰层的面层线应根据需要确定；

(3) 比例小于1：50的平面图、剖面图，可不画出抹灰层，但剖面图宜画出楼地面、屋面的面层线；

</td></tr>
</table>

（4）比例为 1：100～1：200 的平面图、剖面图，可画简化的材料图例，但剖面图宜画出楼地面、屋面的面层线；

（5）比例小于 1：200 的平面图、剖面图，可不画材料图例，剖面图的楼地面、屋面的面层线可不画出。

3. 以附图中 1—1 剖面图为例，画法步骤示例。

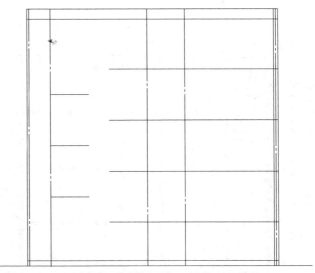

(a) 画定位轴线、室内外地面线、层高线、屋面线等

实训六　绘制建筑剖面图

(b) 画墙身线、楼板、屋面板等

(c) 画门窗、楼梯等细部线

实训六　绘制建筑剖面图

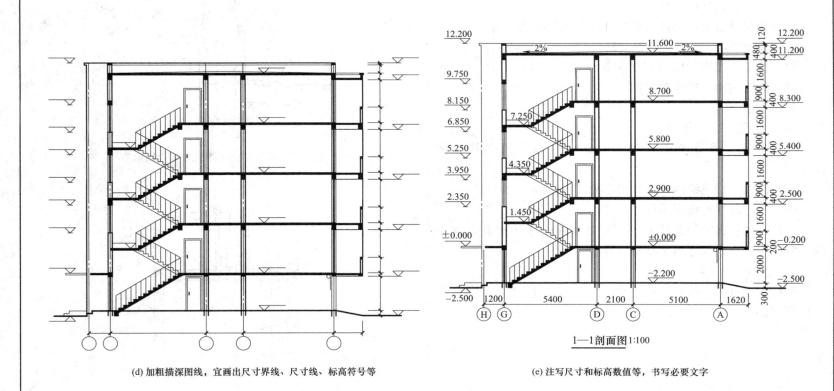

(d) 加粗描深图线，宜画出尺寸界线、尺寸线、标高符号等

(e) 注写尺寸和标高数值等，书写必要文字

1—1剖面图1:100

实训七　绘制建筑详图

任务书

1. 实训目的

（1）熟悉建筑详图的图示特点；

（2）掌握墙身节点详图、楼梯详图的绘图方法和步骤。

2. 实训内容

（1）抄绘附图中的墙身节点详图；

（2）抄绘附图中的楼梯详图。

3. 实训要求

（1）图纸：A3 号图幅；

（2）比例：墙身节点详图 1：20、楼梯平面图和剖面图 1：50；

（3）图线：铅笔绘制，具体要求见详图 13-3、图 13-4；

（4）尺寸标注：按图示所注尺寸；

（5）字体：汉字用长仿宋字，其中图名宜用 10 号字，文字说明宜用 7 号字，尺寸数字宜用 5 号字。

4. 成绩评定标准

图线粗细分明，线宽一致且均匀，尺寸标注无误，图例符号按照制图标准规定绘制，字体端正，图面整洁，图样布局合理。

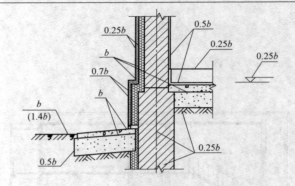

图 13-3　墙身剖面图图线宽度选用示例

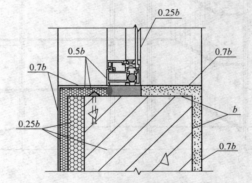

图 13-4　详图图线宽度选用示例

204

实训七　绘制建筑详图

指导书

1. 墙身节点详图画法步骤

（1）确定比例、布图，画出定位轴线；

（2）画墙身厚度线，室内外地面线、各楼面线、屋面线；

（3）画出门窗洞口和窗框（扇）线，楼地面构造层次线，墙体内外构造层次线，屋面檐口构造做法线；

（4）校对无误后，加深图线，画材料图例线、尺寸界线、尺寸线和起止符号、标高、索引等符号；

（5）书写尺寸数字，文字说明等。

2. 楼梯平面图画法步骤

（1）画楼梯间两个方向的定位轴线；

（2）画出楼梯间墙体厚，梯段水平投影长度、平台宽度、梯井宽度、踏面线等；

（3）画细部，如门窗洞口、室外台阶（坡道），宜画出尺寸界线、尺寸线和起止符号、标高和索引等符号；

（4）加深图线，画出材料图例、梯段箭头，书写尺寸数字、标高数字、轴线编号、图名比例等。

3. 楼梯剖面图画法步骤

（1）画楼梯间定位轴线，室内外地面线、楼梯休息平台线、各层层高线，确定各梯段起止位置；

（2）画墙身线，梯段上的踏步，可采用斜线法（手工绘图）和方格网法（计算机绘图），详见图13-5；

（3）画细部，如门窗洞口、梁高线、板厚线、栏杆（扶手）、散水等，画出尺寸界线、尺寸线和起止符号、标高、索引等符号；

（4）加深图线，画出材料图例、梯段箭头，书写尺寸数字、标高数字、轴线编号、图名比例等。

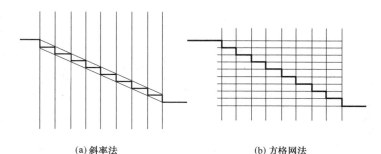

(a) 斜率法　　　　　　(b) 方格网法

图 13-5　楼梯踏步画法示例

4. 以附图中一层楼梯平面图为例，画法步骤示例。

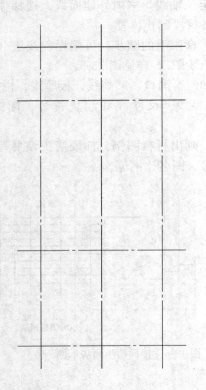

(a) 画楼梯间定位轴线

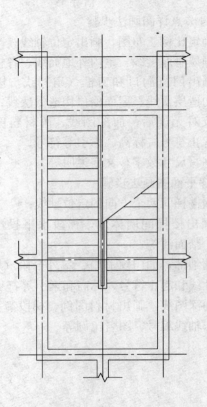

(b) 画出楼梯间墙体、梯段长、
平台宽、梯井宽、踏面线

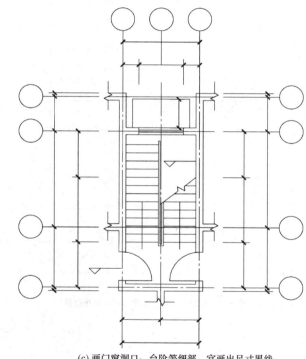

(c) 画门窗洞口、台阶等细部，宜画出尺寸界线、
尺寸线、梯段上下行线、标高、索引等符号

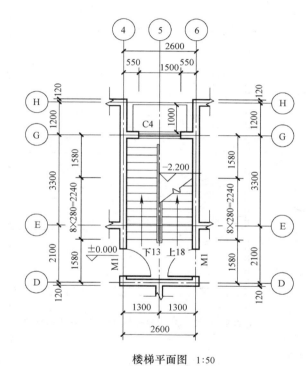

楼梯平面图 1:50

(d) 加粗描深图线，注写尺寸数字、踏步数、
书写必要文字

5. 以附图中 2—2 剖面图为例，画法步骤示例。

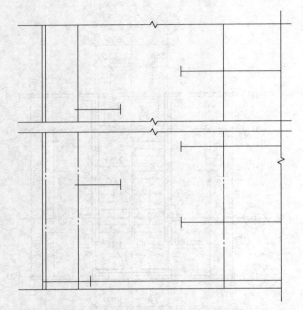

(a) 画定位轴线、室内外地面线、层高线、休息平台线等

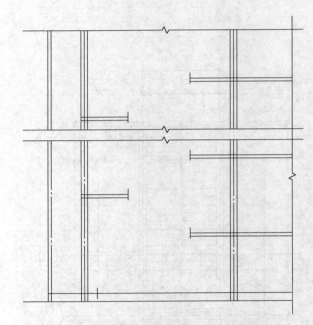

(b) 画墙厚、楼板厚、休息平台厚，确定各梯段起止位置

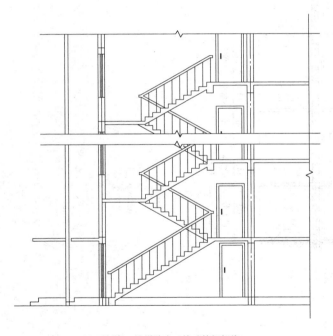

(c) 画门窗、楼梯踏步、扶手等细部线

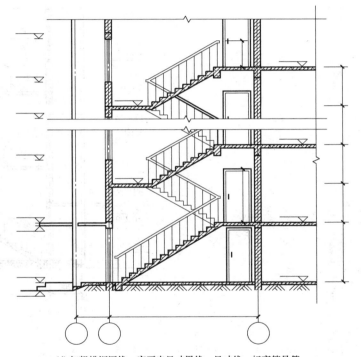

(d) 加粗描深图线，宜画出尺寸界线、尺寸线、标高符号等

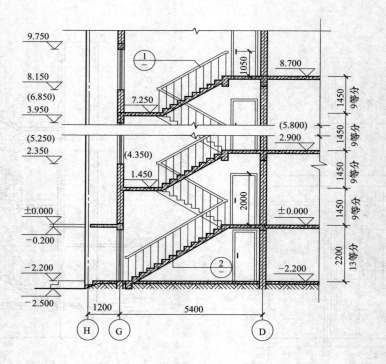

2—2剖面图1:50

(e) 注写尺寸和标高数字等，书写必要文字

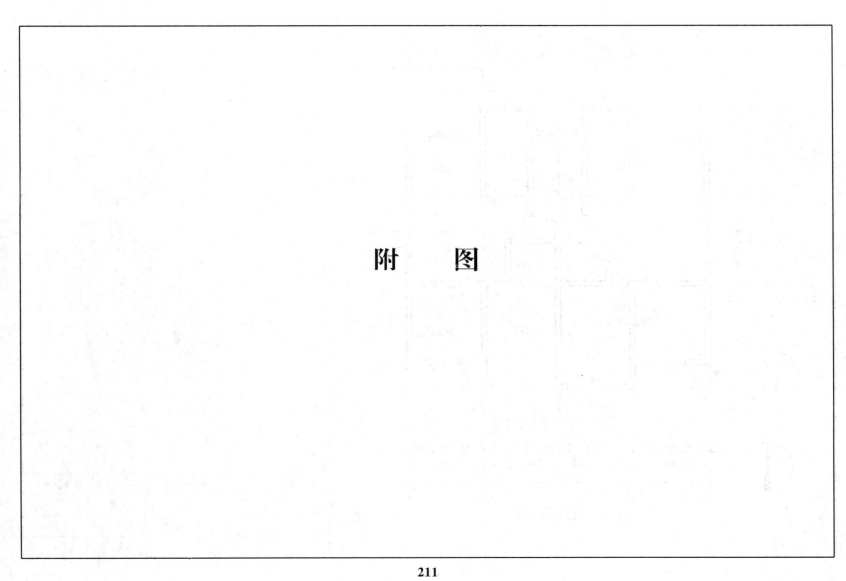

附　　图

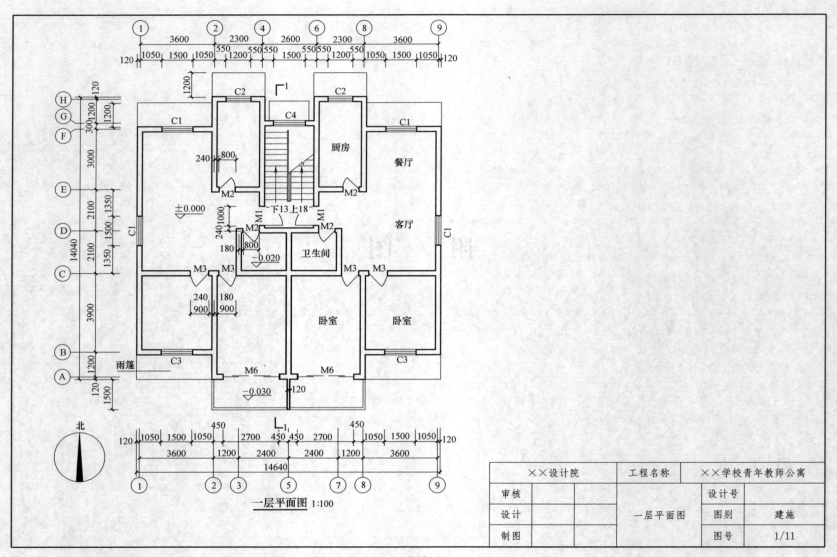

一层平面图 1:100

××设计院		工程名称	××学校青年教师公寓
审核			设计号
设计		一层平面图	图别	建施
制图			图号	1/11

212

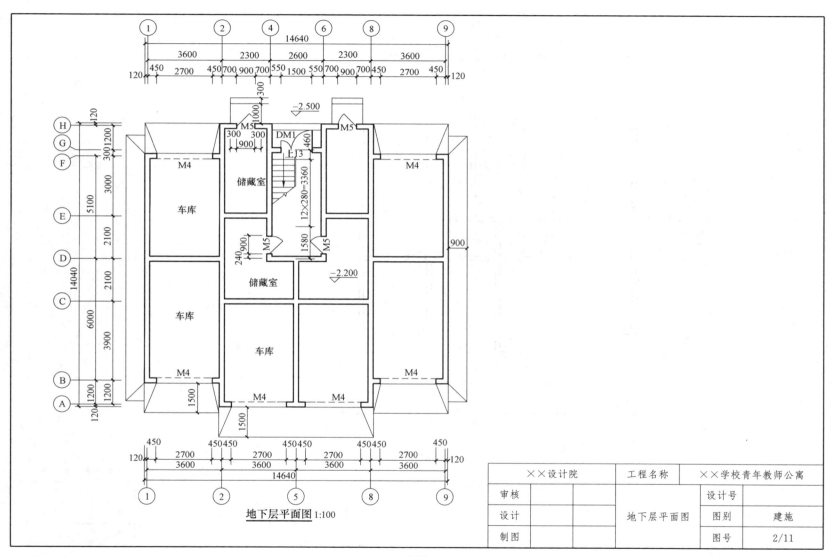

地下层平面图 1:100

××设计院	工程名称	××学校青年教师公寓		
审核			设计号	
设计		地下层平面图	图别	建施
制图			图号	2/11

213

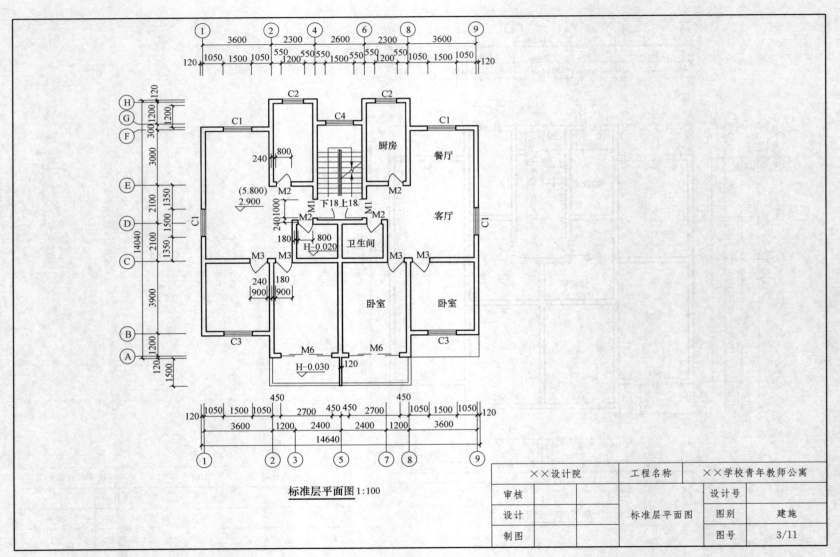

标准层平面图 1:100

××设计院	工程名称	××学校青年教师公寓		
审核			设计号	
设计		标准层平面图	图别	建施
制图			图号	3/11

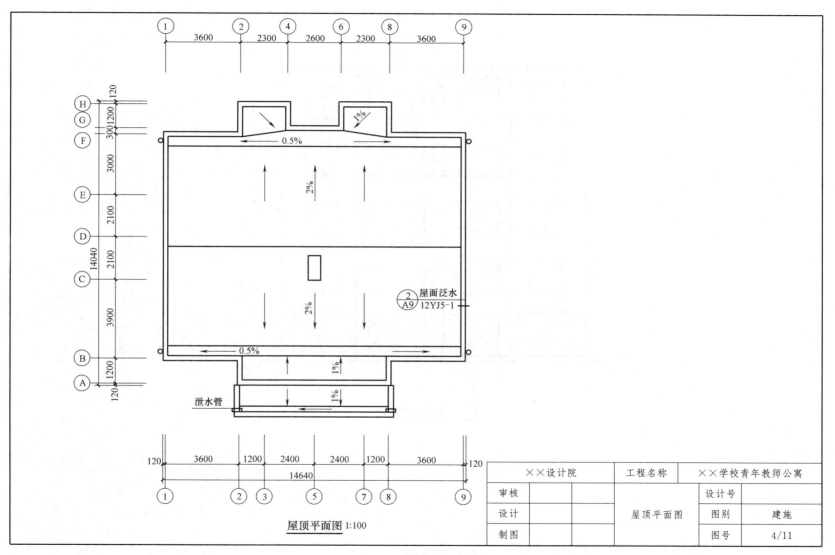

屋顶平面图 1:100

××设计院	工程名称	××学校青年教师公寓		
审核			设计号	
设计		屋顶平面图	图别	建施
制图			图号	4/11

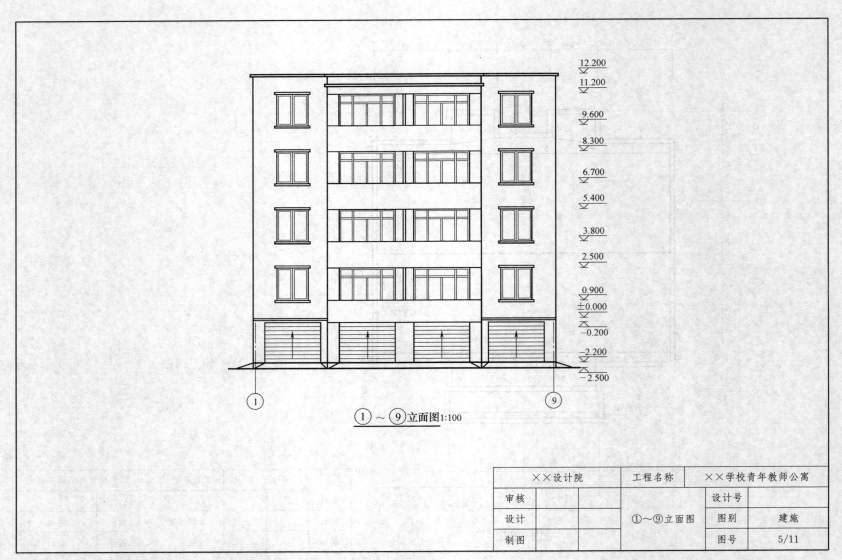

12.200
11.200
9.600
8.300
6.700
5.400
3.800
2.500
0.900
±0.000
−0.200
−2.200
−2.500

①
⑨

①~⑨立面图1:100

××设计院		工程名称	××学校青年教师公寓	
审核				设计号	
设计		①~⑨立面图	图别	建施
制图			图号	5/11

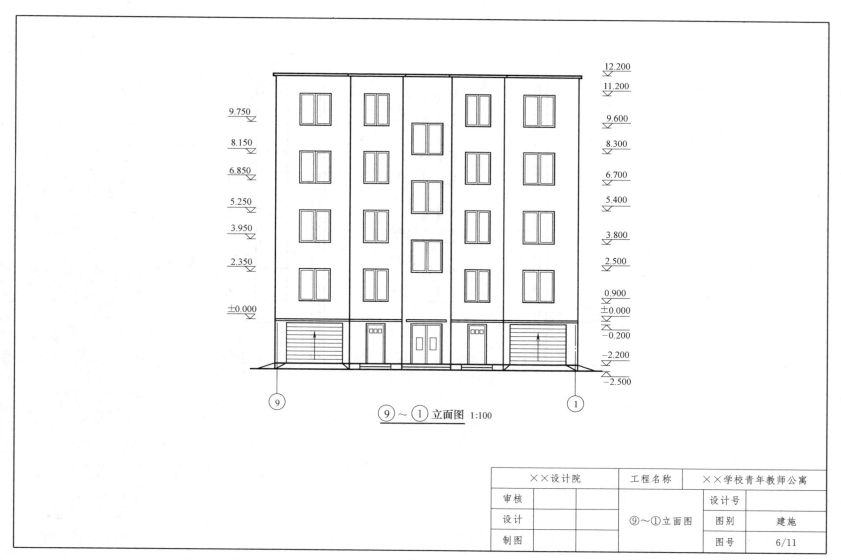

9.750		12.200
		11.200
8.150		9.600
6.850		8.300
5.250		6.700
3.950		5.400
2.350		3.800
		2.500
±0.000		0.900
		±0.000
		−0.200
		−2.200
		−2.500

⑨～① 立面图 1:100

××设计院			工程名称	××学校青年教师公寓		
审核					设计号	
设计			⑨～①立面图		图别	建施
制图					图号	6/11

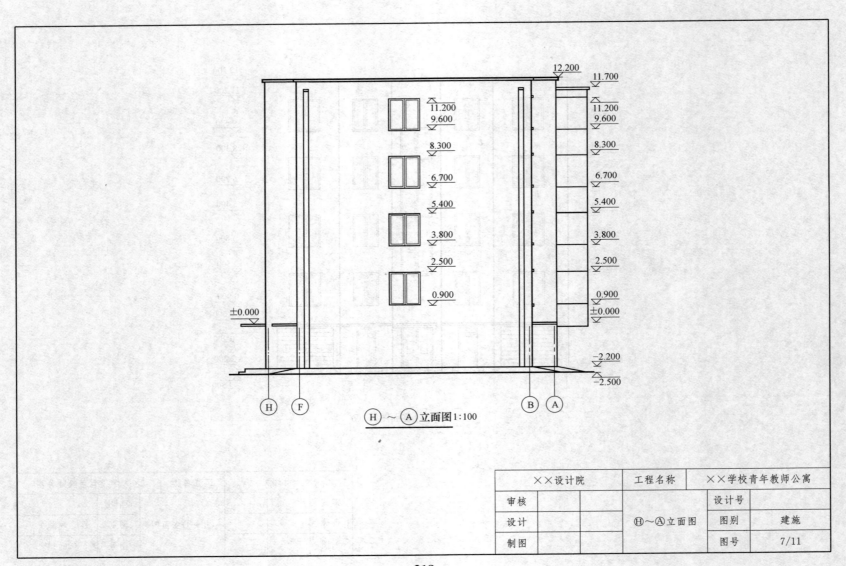

12.200　11.700

11.200
9.600

8.300

6.700

5.400

3.800

2.500

0.900

±0.000

−2.200
−2.500

Ⓗ Ⓕ Ⓑ Ⓐ

Ⓗ ～ Ⓐ立面图1:100

××设计院			工程名称	××学校青年教师公寓		
审核			Ⓗ～Ⓐ立面图	设计号		
设计				图别	建施
制图				图号	7/11

218

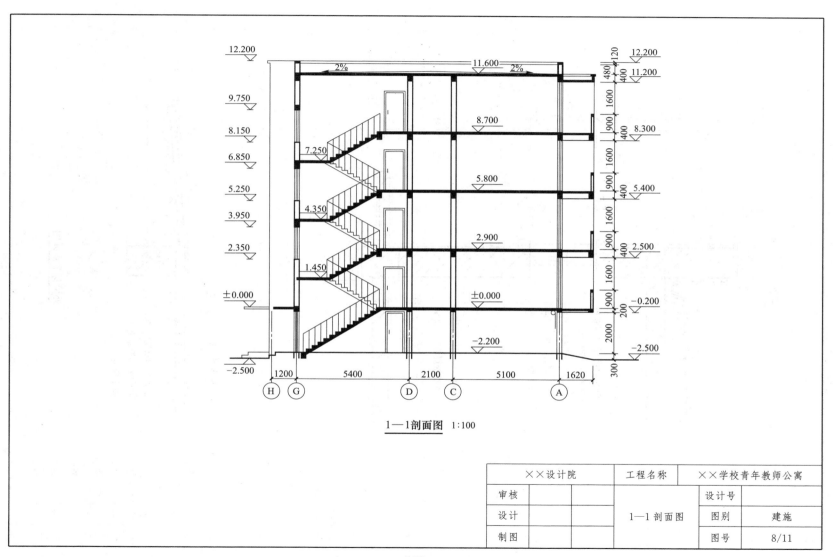

1—1剖面图 1:100

××设计院			工程名称	××学校青年教师公寓		
审核					设计号	
设计			1—1剖面图		图别	建施
制图					图号	8/11

219

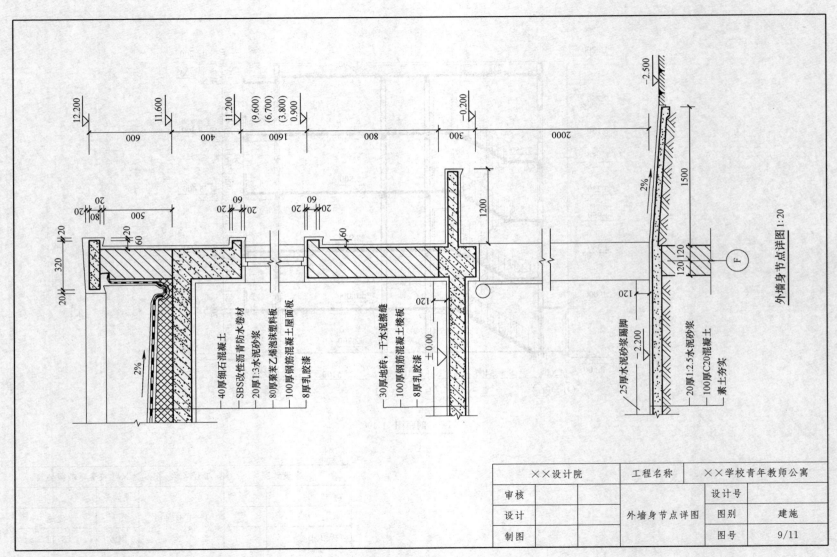

外墙身节点详图 1:20

12.200
11.600
11.200
(9.600)
(6.700)
(3.800)
0.900
−0.200
−2.500

600
400
1600
800
300
2000

1500

2%

1200

120 120

120

F

320

500

20
60
20
60
20
60

60

20 80 20

20

20

2%

−2.200

120

±0.00

40厚细石混凝土
SBS改性沥青防水卷材
20厚1:3水泥砂浆
80厚聚苯乙烯泡沫塑料板
100厚钢筋混凝土屋面板
8厚乳胶漆

30厚地砖,干水泥擦缝
100厚钢筋混凝土楼板
8厚乳胶漆

25厚水泥砂浆踢脚

20厚1:2.5水泥砂浆
100厚C20混凝土
素土夯实

××设计院		工程名称	××学校青年教师公寓		
审核			设计号		
设计		外墙身节点详图	图别	建施	
制图			图号	9/11	

220

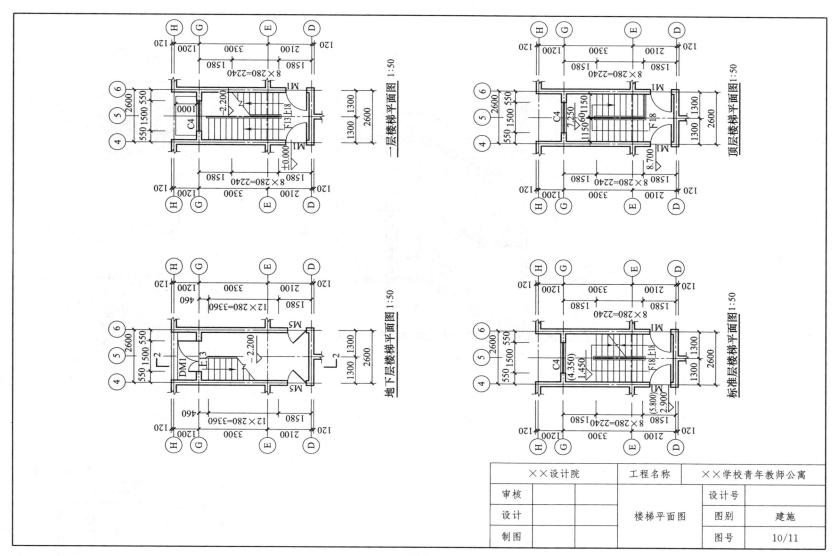

一层楼梯平面图 1:50

顶层楼梯平面图 1:50

地下层楼梯平面图 1:50

标准层楼梯平面图 1:50

××设计院	工程名称	××学校青年教师公寓		
审核			设计号	
设计		楼梯平面图	图别	建施
制图			图号	10/11

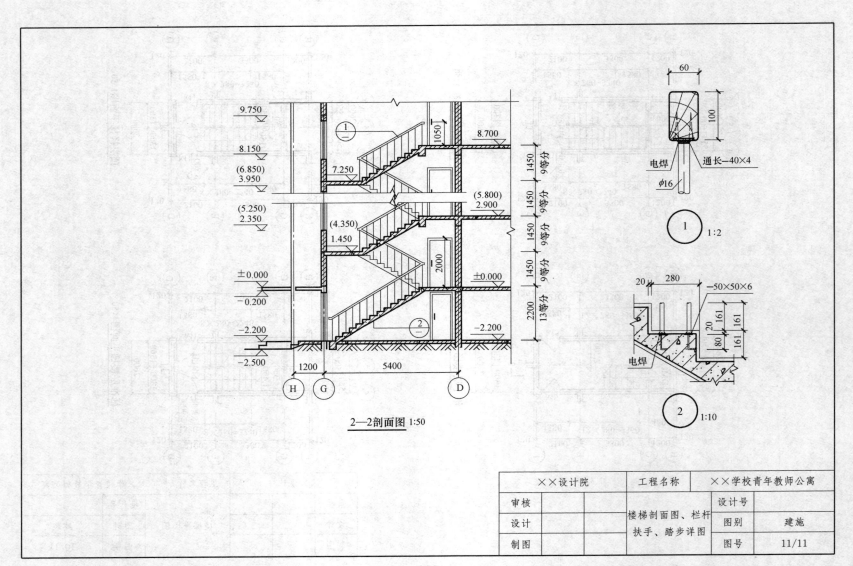

9.750

8.150

(6.850)
3.950

(5.250)
2.350

±0.000
−0.200

−2.200
−2.500

①

8.700

7.250

1050

(5.800)
2.900

(4.350)
1.450

2000

±0.000

−2.200

②

1450 9等分

1450 9等分

1450 9等分

1450 9等分

2200 13等分

1200   5400

H G   D

2—2剖面图 1:50

60

100

电焊   通长—40×4

φ16

① 1:2

20 280

−50×50×6

161

161

20

80

161

电焊

② 1:10

××设计院	工程名称	××学校青年教师公寓	
审核		设计号	
设计	楼梯剖面图、栏杆扶手、踏步详图	图别	建施
制图		图号	11/11

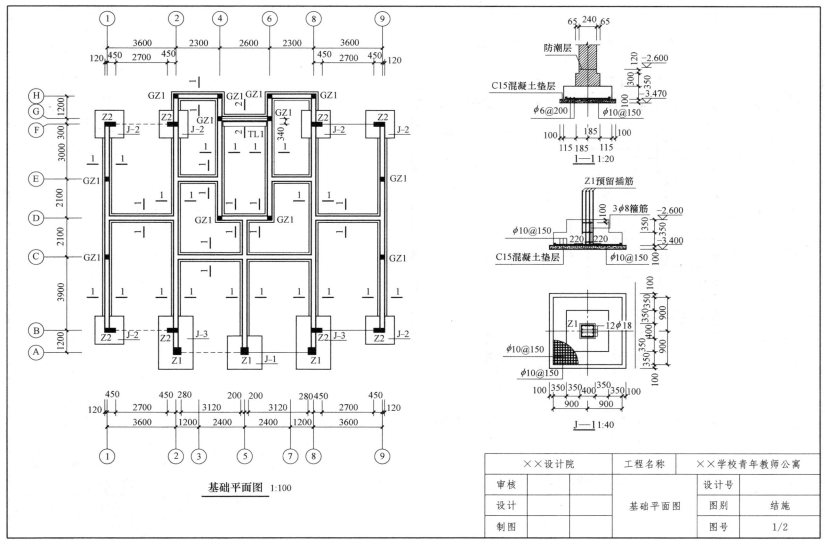

基础平面图 1:100

防潮层
C15混凝土垫层
$\phi6@200$ $\phi10@150$
1——1 1:20

Z1预留插筋
$3\phi8$箍筋
$\phi10@150$
C15混凝土垫层 $\phi10@150$

Z1 $12\phi18$
$\phi10@150$
$\phi10@150$
J——1 1:40

××设计院		工程名称	××学校青年教师公寓		
审核			基础平面图	设计号	
设计				图别	结施
制图				图号	1/2

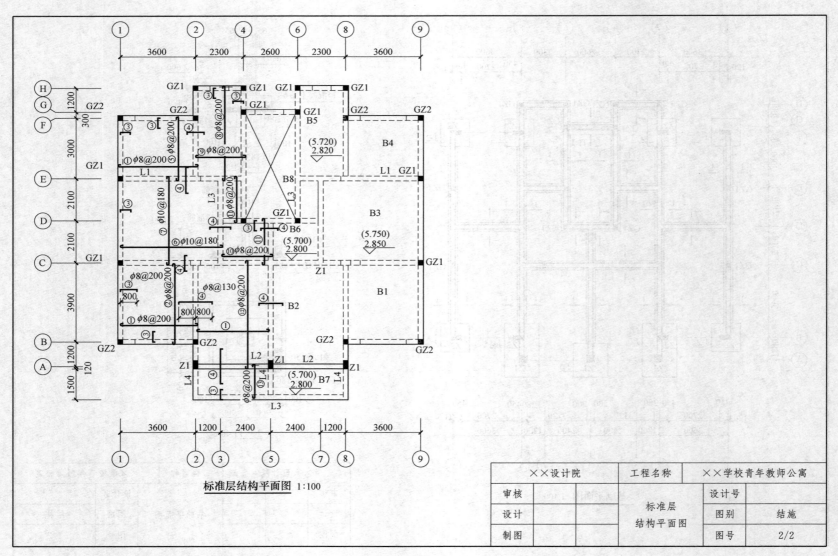

标准层结构平面图 1:100

××设计院		工程名称	××学校青年教师公寓	
审核		标准层 结构平面图	设计号	
设计			图别	结施
制图			图号	2/2

参 考 文 献

[1] 中华人民共和国住房和城乡建设部. GB/T 50001—2017 房屋建筑制图统一标准 [S]. 北京：中国计划出版社，2018.

[2] 中华人民共和国住房和城乡建设部. GB/T 50104—2010 建筑制图标准 [S]. 北京：中国计划出版社，2011.

[3] 中华人民共和国住房和城乡建设部. GB/T 50352—2019 民用建筑设计统一标准 [S]. 北京：中国建筑工业出版社，2019.

[4] 中华人民共和国住房和城乡建设部. GB/T 50016—2014 建筑设计防火规范（2016 年版）[S]. 北京：中国计划出版社，2018.

[5] 中华人民共和国住房和城乡建设部. GB/T 50011—2010 建筑抗震设计规范（2016 年版）[S]. 北京：中国建筑工业出版社，2016.

[6] 中华人民共和国住房和城乡建设部. GB/T 50096—2011 住宅设计规范 [S]. 北京：中国计划出版社，2012.

[7] 中华人民共和国住房和城乡建设部. GB/T 50003—2011 砌体结构设计规范 [S]. 北京：中国计划出版社，2012.

[8] 中华人民共和国住房和城乡建设部. 11J930 住宅建筑构造 [S]. 北京：中国计划出版社，2011.

[9] 中华人民共和国住房和城乡建设部. GB 50037—2013 建筑地面设计规范 [S]. 北京：中国计划出版社，2014.

[10] 中华人民共和国住房和城乡建设部. GB/T 50002—2013 建筑模数协调标准 [S]. 北京：中国建筑工业出版社，2014.

[11] 中华人民共和国住房和城乡建设部. GB 50345—2012 屋面工程技术规范 [S]. 北京：中国建筑工业出版社，2012.

[12] 李瑞，李小霞. 建筑识图与构造 [M]. 北京：中国建筑工业出版社，2017.

[13] 肖芳. 建筑构造 [M]. 北京：北京大学出版社，2016.